"十四五"职业教育国家规划教材

高职高专艺术学门类"十四五"规划教材

城市公共设施设计

（第二版）

主　编　李　卓　何靖泉

副主编　李英辉

华中科技大学出版社
http://press.hust.edu.cn
中国·武汉

内容简介

本书全面而系统地介绍了城市公共设施的设计理论和设计方法,主要内容包括城市公共设施概述,城市公共设施的设计要素,城市公共设施的分类和内容,城市公共设施的设计原则、方法和程序,城市环境中公共设施的应用,力图将城市公共设施设计教学与设计实践完美结合。本书选取了世界范围内优秀的城市公共设施设计案例,并进行了细致的案例分析。本书选取的这些案例具有创意性、前瞻性、概念性、系统性和可实践性,可以为设计师提供更多的灵感。

本书不仅可作为高职高专院校工业设计、环境艺术设计等专业的教材,而且可作为相关专业人员的参考书,还适合广大专业爱好者阅读。

图书在版编目(CIP)数据

城市公共设施设计 / 李卓,何靖泉主编. -- 2版. -- 武汉:华中科技大学出版社,2025.3.
ISBN 978-7-5772-1658-4

Ⅰ.TU984

中国国家版本馆CIP数据核字第20258B6Y03号

城市公共设施设计(第二版)
Chengshi Gonggong Sheshi Sheji(Di-er Ban)

李卓 何靖泉 主编

策划编辑:	彭中军
责任编辑:	叶向荣
封面设计:	孢 子
责任监印:	朱 玢
出版发行:	华中科技大学出版社(中国·武汉) 电话:(027)81321913
	武汉市东湖新技术开发区华工科技园 邮编:430223
录 排:	武汉创易图文工作室
印 刷:	武汉市洪林印务有限公司
开 本:	889 mm×1194 mm 1/16
印 张:	8
字 数:	235千字
版 次:	2025年3月第2版第1次印刷
定 价:	59.00元

本书若有印装质量问题,请向出版社营销中心调换
全国免费服务热线:400-6679-118 竭诚为您服务
版权所有 侵权必究

前言 Preface

随着时代的发展,人们的生活习惯和消费观念发生了很大的变化,传统的城市公共设施已不能满足人们的生活需要。研究表明,人们越来越认识到,城市公共设施能给人们带来更多的便利性和幸福感。数字信息技术的兴起为城市服务智能化提供了无限的创新动力和创新空间,但目前城市公共设施的智能化建设仍处于初级阶段,城市公共设施的建设水平难以满足公众的公共服务需求。改变城市公共设施固有的"城市家具"范式,创新城市公共设施的设计方法、技术手段和设计理念,实现城市公共设施智能化、人性化、多元化、信息化、个性化定制式的创新发展,是摆在设计工作者面前的一大课题。

本书是一本校企合作开发教材,由辽宁轻工职业学院李卓、何靖泉主编,参加编写的还有大连市知夏园林景观设计工程有限公司李英辉,同时大连泛超空间雕塑工程有限公司为本书提供了大量案例。

本书的编写分工具体如下。第一章由何靖泉老师编写,第二章、第三章、第四章、第五章由李卓老师编写。

本书在编写过程中,借鉴和参阅了大量的国内外出版物及网络资料,书中选用的大量优秀城市公共设施设计作品的相关图片,部分来自设计者,部分来自文献资料。在此,向各位作者表示由衷的敬意和谢意。

目前城市公共设施设计高速发展,尽管编者为本书的编写付出了艰苦的努力,但由于学识与水平有限,书中还存在一些疏漏之处,欢迎广大读者批评指正!

本书课件:

第一章 城市公共设施概述请扫二维码1学习。

第二章 城市公共设施的设计要素请扫二维码2学习。

第三章 城市公共设施的分类和内容请扫二维码3学习。

第四章 城市公共设施的设计原则、方法和程序请扫二维码4学习。

第五章 城市环境中公共设施的应用请扫二维码5学习。

本书配套微课:

材料质感在公共设施设计中的运用请扫二维码6了解。

城市公共设施的色彩运用请扫二维码7了解。

城市公共设施设计的方法请扫二维码8了解。

城市文化与公共设施设计请扫二维码9了解。

井盖艺术设计请扫二维码10了解。

编 者

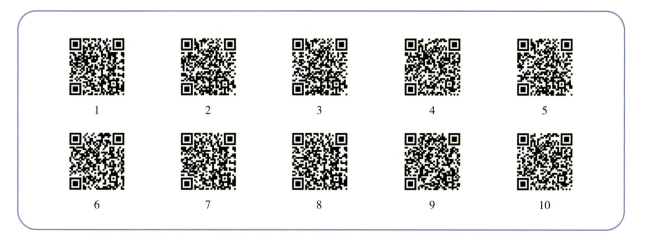

目录 Contents

第一章 城市公共设施概述 / 1
第一节 城市公共设施的概念 / 2
第二节 城市公共设施的发展概况 / 4
第三节 城市公共设施的发展趋势 / 7
第四节 东西方城市公共设施的差异 / 10

第二章 城市公共设施的设计要素 / 13
第一节 城市文化与城市公共设施设计 / 14
第二节 人体工程学与城市公共设施设计 / 16
第三节 城市公共设施的形态要素 / 22
第四节 城市公共设施的材料与工艺 / 24
第五节 城市公共设施的色彩运用 / 27

第三章 城市公共设施的分类和内容 / 31
第一节 城市公共设施的分类 / 32
第二节 公共信息设施 / 35
第三节 公共交通设施 / 38
第四节 公共休息服务设施 / 42
第五节 公共游乐健身设施 / 48
第六节 公共卫生设施 / 51
第七节 公共照明设施 / 55
第八节 公共管理设施 / 58
第九节 公共配景设施 / 61
第十节 无障碍设施 / 67

第四章 城市公共设施的设计原则、方法和程序 / 71
第一节 城市公共设施的设计原则 / 72
第二节 城市公共设施的设计方法 / 78
第三节 城市公共设施设计的基本程序 / 83

第五章　城市环境中公共设施的应用　　　/ 92

第一节　城市广场公共设施设计　　　/ 93

第二节　城市公园公共设施设计　　　/ 98

第三节　城市居住区公共设施设计　　　/ 105

第四节　城市商业步行街公共设施设计　　　/ 107

第五节　城市交通空间公共设施设计　　　/ 114

参考文献　　　/ 122

第一章 城市公共设施概述

知识目标

了解城市公共设施的概念、发展概况和发展趋势,以及东西方城市公共设施差异。

能力目标

1. 掌握公共设施的设计范围,对公共设施设计有初步的了解。
2. 了解各国公共设施的发展现状,掌握城市公共设施的发展方向。

素养目标

1. 培养创新意识和创新能力。
2. 形成设计纵横观,提高学生对公共设施的艺术鉴赏能力。

第一节　城市公共设施的概念

城市公共设施是一个具有广泛内涵的、多维的、复杂的系统性概念。按经济学的说法,城市公共设施是政府提供的公共产品。从社会学的角度来讲,城市公共设施是满足人们的公共需求(如便利、安全、参与)和公共空间选择的设施,如公共行政设施、公共信息设施、公共绿化设施、公共屋等。从艺术设计的角度来讲,城市公共设施设计是指在公共空间中,为改善环境,提供便利人们活动、休息、娱乐及交流的公共小品及产品设计。从工业设计的角度来看,城市公共设施的设计应该体现系统性、功能性、装饰性、经济性。从形式上讲,城市公共设施可以和环境互融或互补,丰富空间的形式。从色彩上讲,城市公共设施可以采用多种色彩构成形式,通过巧妙的色彩变化,起到美化空间的作用。从艺术形式上讲,城市公共设施可以采用抽象和具象的形式,给不同空间以多层次的视觉展现。

城市公共设施主要是面向社会大众开放的交通、文化、娱乐、商业、广场、体育、文化古迹、行政办公等公共场所的设施、设备等。对于城市公共设施的基本概念,各国学者各有说法,但其中心含义大致相同。所谓的城市公共设施,是指由政府的公共部门提供的、属于社会公众享用或使用的公共物品或场所。

总之,城市公共设施泛指设置在公共空间环境中,具有特定功能,为环境需要的,并具有一定艺术美感的人为构筑物。城市公共设施充实了城市空间的内容,代表了城市空间的形象,反映了一个城市特有的景观风貌、人文风采,表现出城市的气质和风格,显示出城市的经济状况,是社会发展和民族文明的象征。城市公共设施示例如图1-1～图1-10所示。

图1-1　上海外滩公共设施

图1-2　圣哈辛托广场

图1-3　圣哈辛托广场夜景

图1-4　校园公共游乐健身设施

图1-5 深圳华侨城欢乐海岸

图1-6 珠宝之"光"艺术亭(设计:深圳环形景观规划建筑设计有限公司)

图1-7 公共座椅

图1-8 厦门中山公园喷泉雕塑

图1-9 北京新前门大街鸟笼造型的路

图1-10 橘子洲景区指示牌

第二节　城市公共设施的发展概况

城市公共设施不是现代文明的发明物,它们的雏形早在城市形成的时候就存在了。现代意义上的城市公共设施被赋予了更多的时代意义,它的概念无论是在内涵上还是外延上都有了崭新的内容。

一、国外城市公共设施的发展概况

城市公共设施在各国的发展是不平衡的,因为它与一个国家的经济文化发展水平密切相关。欧美以及其他一些经济发达的国家由于工业化程度较高、经济实力比较强大、居民受教育程度高,在城市公共设施建设中的投资大,城市公共设施建得比较完善,而且城市公共设施的设计体现出人性化、系统化、艺术化等特征。发展中国家,尤其是不发达地区城市公共设施的发展较为落后,如果要建立完备的城市公共设施体系,必然会经历一个漫长的过程。

1. 法国城市公共设施的发展概况

从19世纪80年代开始,巴黎市内出现的任何一件设施,都经过了精雕细刻。巴黎市内的公共汽车站台是经过招标由英国设计师设计的,街头书报亭的设计是享有专利的设计,甚至连街边植物的护栏都是由艺术家布置的,著名的香榭丽舍大道上的街道家具体现出现代并不张扬、简单而又含蓄的设计风格。

法国街景如图1-11、图1-12所示。

图1-11　法国街景(一)

图1-12　法国街景(二)

2. 德国城市公共设施的发展概况

德国城市公共设施的发展比较均衡,且在规划效率上见长。在德国,不论城市规模如何,公共设施的规划都很规范,全德国设施规格基本统一,种类繁多,功能齐全,这种严格要求也保证了国民高效而稳定的生活方式。德国的城市公共设施设计具有日耳曼民族本身严谨、稳重的特点,德国设计师始终重视城市公共设施的功能效应,并使之有益于人和环境,基于环境意识设计来进行统一规划,构建一个整体的系统。此外,德国由于整体重视科技发展,在城市公共设施设计中更注重高科技含量与实用的秩序主义。综合来看,德国的城市公共设施设计可以说是一种高效率的设计。

德国街景如图1-13所示。

3. 英国城市公共设施的发展概况

早在19世纪前期,英国的一些城市公共设施就以沉重著称,如街道旁的垃圾桶、邮箱、铁椅等,都沉重得令人吃惊,休想挪动一下。城市公共设施沉重的原因很简单,如果城市公共设施太轻,就会被人挪动、偷盗。英国人对此很苦恼,因此不得不把城市公共设施制造得更加沉重,这也一度成为英国人制造城市公共设施的一个标准。但随着时间的推移,英国渐渐成为世界上最文明的国家之一,其中衡量的标准之一就是英国的城市公共设施已经成为世界上较为轻巧的城市公共设施,垃圾桶都是随时可以搬走的,电话亭、路边的护栏也是可以移动的,而不用再担心会被人搬走卖掉。

图1-13 德国街景

英国街景如图1-14、图1-15所示。

图1-14 英国街景(一)

图1-15 英国街景(二)

4. 美国城市公共设施的发展概况

美国的城市公共设施设计相对来说比较完善,设施配置系统而完备。美国的城市公共设施注重文化性与艺术性,同时也十分注重人性化设计。例如位于美国华盛顿的美国国家美术馆,除了配备有足够的供参观者休息用的座椅,还设有专供美术学习者或美术爱好者临摹使用的专用画架和座椅,使得美术馆服务于社会的功能更深刻地体现。在美国,不论是在大街上还是在社区、餐厅等公共场所,都少不了专为儿童而设的公共设施。美国人行道的路口,一般都有一个斜坡,为儿童车提供了方便,不仅大人省了力气,孩子也不会感到颠簸。在美国,几乎所有公共场所的卫生间都有一块活动板台,这块活动板台平时折叠起来靠在墙边,需要时就可以把它放下,从而方便给婴儿换尿不湿,很是贴心。另外,美国每个居民社区都会设立儿童游乐园或滑梯、秋千等儿童娱乐设施,这些场所及其周围的地面铺装都采用木屑,以防儿童摔伤。

此外，美国的城市公共设施规划具有一定的前瞻性。在美国，地下主干管道时常被做成"地下长河"，直径为两三米的地下管道到处是，哪怕是遇见百年不遇的大雨大涝，也不会在城市地面积水。至于路面，哪怕经过的车不会太多，也要用最好的材质按最高的标准去施工，这样路面足以应付以后可能出现的各种情况。

美国街景如图1-16、图1-17所示。

图1-16　美国街景（一）　　　　　　　图1-17　美国街景（二）

5. 日本城市公共设施的发展概况

日本的城市公共设施设计体现出现代科技与本土文化的结合，充实了日本社会环境的现代气息，并体现出日本人的文明素质。日本设计师对城市公共设施进行精心设计，采用合乎美学的原理，在尺度、比例、材质、色彩、对比及协调性上都进行恰当的设计。日本城市公共设施的设计不仅符合人体尺度的要求，而且布置的位置、方式、数量更加考虑人们的行为及心理需求特点。日本的城市公共设施与人的关系更为密切，充分考虑了老人、儿童、残障人士的生理特点和要求，符合人性化的需求。

图1-18　日本街景

日本街景如图1-18所示。

二、国内城市公共设施的发展概况

近年来，5G、人工智能、云计算、大数据、智能传感器等新兴技术不断涌现和迭代。在这一背景下，数字城市、智能城市、智慧城市、未来城市及类似新概念被不断提出。城市公共环境设施作为城市基础设施的重要组成部分，是城市建设不可缺少的，在一定程度上反映了城市的发展水平。对城市公共设施进行系统、合理、创新的设计，使其符合城市形象，从而烘托出该城市的风格特点。

随着人们生活质量的不断提高，我国的城市公共设施在设计上开始追求整体性、地域性、协调性，追求人、物、环境的和谐以及城市文脉的延续，如南京夫子庙景区的公共设施。从图1-19～图1-22中我们可以看出，在南京这个具有浓郁文化氛围和历史底蕴的城市中，公共设施设计在满足使用功能的基础上，已经开始追求整体性，注重与城市地域文脉、环境的融合。

图1-19 南京夫子庙(一)

图1-20 南京夫子庙(二)

图1-21 南京夫子庙(三)

图1-22 南京夫子庙(四)

第三节 城市公共设施的发展趋势

路德维希·密斯·凡·德罗曾经说过,建筑的生命在于细部。对于城市空间而言,公共设施就是城市的细部,公共设施的质量决定了人们和公共空间的融洽程度。随着人们对于空间环境和人性理论认识的不断提高,城市公共设施得到了越来越多的重视,这促使城市公共设施设计理论和思维方法不断扩展,城市公共设施的内容和种类日益丰富。现代城市越来越重视健康和谐发展,强调将科技、文化、环保、人性化等多种元素融合到未来城市的发展之中。城市公共设施的发展趋势可以归纳为以下几点。

一、生态化

提倡生态设计观念,就是要以适当的设计来引导人们进行绿色消费、适度消费,要综合当代的各种科学技术条件,重新考虑人与环境之间的相互关系,使人与环境形成有机的平衡,实现可持续发展的长远计划。挪威的超市往往会在入口附近一个宽敞的空间安装一种特别的机器——世界上颇有名气的Tomra回收系统。进入超市的大人小孩都会先在这里停留,把带来的废饮料瓶、罐放入机器上方的圆孔。不一会儿,机器的打印口会吐出一张抵扣券,而这张抵扣券上印着这批废饮料瓶、罐的价值。抵扣券立即生效,在买东西的时候就可以使用。

二、多元化与专业化

不同阶层、不同年龄、不同生理特点的人在不同场合对城市公共设施有着不同的需求,这使得城市公共设施已从传统意义上的休息座椅、喷泉等单一产品模式向共用性更强的多品种、专业化方向发展(见图1-23、图1-24)。例如,花坛、水池并不仅仅用于美化点缀,其边缘还可以兼作休息的凳椅。城市公共设施要最大限度地满足各种使用人群的不同需求,并且设计要符合人性化尺度,营造一种可参与性的氛围。这样的城市公共设施才是宜人和具有吸引力的。

图1-23 多功能座椅(一)

图1-24 多功能座椅(二)

三、智能化

每一次技术的进步都给世界上各领域带来巨大的变革,对设计领域来说更是如此。城市公共设施设计伴随着一场场的科技变革不断发展,并进一步向智能化迈进,这得益于计算机技术及网络技术的发展。例如,在日本小樽音乐盒堂的门口放着一尊古老的蒸汽钟(见图1-25),这尊蒸汽钟是由计算机控制的,它除了会在整点报时,还会每15分钟以蒸汽演奏动人的旋律。

公交站牌历经多年的发展,从传统的金属站牌到自带照明系统的灯箱站牌,再到现在具备车辆到站信息预报、乘车舒适度预报及丰富的多媒体展示效果的智能公交站牌。而智能公交站牌既便民又提升了城市形象,已经逐步成为每个城市公共设施的标准配置。

四、艺术化与景观化

艺术化与景观化是指城市公共设施以其形态、色彩和数量对城市公共环境起到衬托和美化的装饰作用。它包含两个层面的意义:一是指对城市公共设施做单纯的艺术处理;二是指城市公共设施要与周边环境特点相呼应,起到渲染环境氛围的作用。

图1-26为雏菊,图1-27~图1-29为上海世博会雏菊自行车停放架,设计师运用仿生的设计手法,黄色的花托(基座)上是白色的花瓣,而每片花瓣都是一个角度可调的自行车停放架,这种设计既促进了环保(停放自行车),又能美化环境,使自行车停放架很好地与自然景观融合。

图1-26 雏菊

图1-25 放在日本小樽音乐盒堂门口的蒸汽钟　　图1-27 上海世博会雏菊自行车停放架（一）

图1-28 上海世博会雏菊自行车停放架（二）　　图1-29 上海世博会雏菊自行车停放架（三）

五、人性化

　　城市公共设施在满足人们实际需求的同时，越来越追求人性化的发展。例如，城市公共设施的细部设计更加符合人体尺度的要求，且布置的位置、方式、数量更加考虑人们的行为及心理需求特点。

　　在日本，到处都体现着以人为本的理念。道路、商店、酒店等公共场所都设有残障人士无障碍通道，人行道上设有盲人专用通道,横穿马路的人行地道和过街天桥设有残障人士专用升降电梯。沿街建筑工程的安全围护措施非常到位,连脚手架的固定扣件都有专用的塑料护套,既能防止锈蚀,又能避免碰伤行人。适合大人和小孩使用的饮水设施等小的设施遍布每条街道、公园及商场等公共场所。十字路口有专为行人设置的手控红绿灯。各种各样的座椅随处可见,满足人们随时随地休憩的需求,而且座椅适地适材设置,造型不一,既满足了功能性需求,又适宜地丰富了景观。路边绿地的护栏,细看原来还是行人稍事休息的靠椅。公园内的甬路使自行车和行人分开,路面提示醒目。运河边的建筑为爱好在河边健身跑步的行人让出通道。道路两侧陡峭的山体设置多层拦石栅栏,防止滚石伤害行人。

第四节　东西方城市公共设施的差异

一、哲学理念的差异

东西方城市公共设施尽管运用的是相似的要素,但由于哲学理念不同,表现在设计指导思想上存在相异之处。中国人重视整体的和谐,西方人重视分析的差异:中国哲学讲究事物的对立与统一,强调人与自然、人与人之间和谐的关系;而西方哲学主张客观世界的独立性,强调主客观分离,相反而不相成。

西方哲学十分强调理性对实践的认识作用。早在古希腊,哲学家毕达哥拉斯就从数的角度来探求和谐,并提出了黄金分割律。古罗马时期的维特鲁威在他的论述中也提到了比例、均衡等问题。他提出:"比例是美的外貌,是组合细部时适度的关系。"文艺复兴时期的达·芬奇、米开朗基罗等人还通过人体来论证形式美的法则。黑格尔以"抽象形式的外在美"为命题,对比例、均衡、韵律、对称等形式美法则有着系统的研究,并且十分严格地将形式美法则用于指导城市公共设施设计。

中国人比较重直觉,设计以方便人的生活为准则,在尺度和体量的把握上主要讲究空间与环境之间的调和,以及人类自身的适应性,所设计的城市公共设施往往是自然的缩影和提炼,是出于自然而高于自然的直接展现。

二、自然观认知的差异

在处理人与自然的关系上,西方社会以征服自然、改造自然、战胜自然作为文明演进、文化发展的动力。西方人常常重视用大尺度的广场、绿地、水景等来对视自然。西方古典园林的创作主导思想是以人为自然界的中心,对大自然必须按照人头脑中的秩序、规则、条理、模式来进行改造,以中轴对称规则形式体现出超越自然的人类征服力量,人造的几何规则景观超越于一切自然,造园中的建筑、草坪、树木无不讲究完整性和逻辑性,以几何形的组合达到数的和谐和完美。古希腊哲学家毕达哥拉斯也说:"整个天体与宇宙就是一种和谐,一种数。"公元前6世纪毕达哥拉斯学派就试图从数量的关系上寻找美的因素,著名的"黄金分割"最早就是他们提出的。黑格尔也定义"美就是理念的感性显现"。这种"唯理"美学思想统治了欧洲几千年之久,也影响并形成了西方几何图案的园林风格。

中国文化重视人与自然的和谐,讲究以少胜多、以小胜大的设计手法,较多地运用从中国古典园林中借景、透景、漏景等技法，力求在人与自然之间建立一种和谐的境界关系。

三、思维方式的差异

受传统文化的影响，东西方的思维习惯有很大的差异。西方人重客体，思维习惯倾向于探究事物的内在规律性，重视形式逻辑，重视事物间的因果关系。在环境设计中，西方人常用数学关系来进行分析。在西方的城市景观中，几何形的水池、笔直的林荫道、修剪整齐的树木、砌筑方正的台阶、比例讲究的雕塑和喷泉，具有强烈的几何性，让人感觉整齐、有秩序感。

相比之下，中国人重主体，在设计中注重整体效果，讲究统一和有机联系的"模糊"状态，正是这种思维方式体现出一种对现象的直观体验和对人的个体感受的追求。

四、审美认同的差异

东西方具有不同的美学思想：东方讲究意境美，如图1-30、图1-31所示；西方讲究形式美，如图1-32、图1-33所示。中国人讲究内心世界的感受，追求深厚的意蕴、体现画面的境界、高度概括精练的特点，讲究环境设施与群体的空间艺术感染力。例如，在中国园林中采用题刻、楹联等来拓宽园林空间的意境。西方人重客观成就，讲究实体清晰简单、有逻辑，通常采用透视原则来创造第三自然。

图1-30 江南园林中的亭

图1-31 江南园林中的廊桥

图1-32 法国维朗德里城堡花园

续图 1-32

图 1-33　英国温莎城堡花园

　　东西方地理环境的差异、思维方式的不同、社会政治制度的反差，使得东西方在城市公共设施设计中呈现出各自的独特性。全面分析东西方各个方面的差异性，可帮助设计师更好地进行城市公共设施设计。

● 实训任务

1. 收集国内历史街区优秀案例，以PPT的形式进行总结汇报。
2. 收集国外公共设施设计案例并加以分析。

第二章 城市公共设施的设计要素

知识目标

掌握城市文化对公共设施的影响、人体工程学知识的应用,以及公共设施设计的形态要素、色彩运用、材料与工艺。

能力目标

1. 能根据形式美法则,灵活地进行设施造型设计。

2. 能进行公共设施色彩搭配。

3. 能区分公共设施材料特性。

素养目标

1. 培养运用人体工学理论解决实际问题的能力。

2. 培养"以人为本""生态文明""传承文化"的思想意识。

第一节　城市文化与城市公共设施设计

一、城市文化与城市公共设施设计概述

城市公共设施与城市地域环境是部分与整体的关系,城市公共设施的形式、风格、尺度、内涵要服从城市整体地域环境的基调和需要。国家、地区、民族习惯的不同,使得城市面貌呈现出多样的变化和特有的风采。城市公共设施的设计要与城市的面貌高度统一,城市公共设施要有地域文化特色,要与城市主体建筑、颜色、空间范围、生活方式相互融合。因此,设计师必须把地域文化特色、城市传统民风习俗充分地运用到城市公共设施的设计中,提升城市公共环境空间的品位、可识别性、文化和历史的渗透性。

随着中国城市建设逐渐步入理性阶段,设计师不再单纯地以物质层面的完善为唯一目标,而更多地把注意力转移到城市文化环境上,在城市形象的建设上更加注重公共设施的文化内涵,如河南洛阳龙门石窟的公共设施设计(见图 2-1)。

图 2-1　河南洛阳龙门石窟的公共设施设计

我国著名的水乡古镇——乌镇,小桥流水,黑瓦白墙,古朴安宁,像极了一幅淡雅精致的中国水墨画。走在乌镇碎石铺就的窄巷里,闹市的喧嚣早已抛于脑后,浮躁的心也会在这世外桃源一般的水乡里渐渐沉静下来。乌镇的指示牌设计得简洁质朴,如图2-2所示,原木上刻有简单的中英文字样,与乌镇的整个基调十分吻合。饮水器(见图2-3)的设计体现出水乡的地域文化,渗透着浓厚的江南特色。

图2-2　乌镇景区指示牌设计　　　　　　图2-3　乌镇景区饮水器

二、案例分析

澳派景观设计工作室(ASPECT Studios)设计的合肥万和万科乐园艺术仙境一期公共设施如图2-4所示,整体设计与当地社区和文化相呼应,设计师将合肥市鲜活且极具代表性的市花"石榴花"作为灵感源泉,并结合花形、色彩和石榴果实元素创造出有活力、色彩丰富、大胆创新的体验,并通过融合以社交、人群活力为重点划分的景观空间,来满足社区和人群的需求,鼓励人们之间的互动和交流。

图2-4　合肥万和万科乐园艺术仙境一期公共设施

续图 2-4

第二节　人体工程学与城市公共设施设计

人体工程学由人体测量学、工程心理学、环境生理学等分支学科组成，是一门研究人、机、环境三者关系，探讨工作、生活、休闲时人体的效率，以及健康、安全、舒适等规律的综合学科，也是实现人性化城市公共设施设计的重要途径。

人体尺度是城市公共设施设计要遵循的基本的数据。不同年龄、性别、地区、民族、国家的人体具有不同的尺度，人体尺度是设计城市公共设施时必须考虑的因素。

一、人的生理特征

1. 人体测量学

人体测量学是通过测量人体各部位尺寸，来确定个人之间和群体之间在人体尺寸上的差别的科学。公元前 1 世纪，古罗马建筑师维特鲁威从建筑学角度对人体尺度做了全面论述。在文艺复兴时期，达·芬奇根据维特鲁威的描述创作了著名的人体比例图（见图 2-5）。1870 年，比利时数学家奎特莱特发表《人体测量学》，创建了相应学科。直到 19 世纪 40 年代，工业化社会的发展使人们对人体尺寸测量有了新的认识。

2. 人体尺寸

人体尺寸一般分为构造尺寸和功能尺寸。

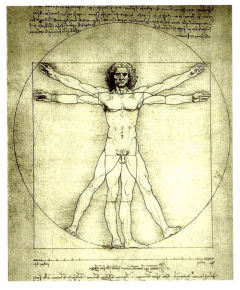

图 2-5 达·芬奇绘制的人体比例图

1) 构造尺寸

构造尺寸[见图 2-6(a)]是指静态的人体尺寸,具体是指在人体处于站立静止或坐立固定的标准状态下测量的尺寸,如手臂长度、腿长度及坐高等。它与人体直接接触的物体有较大关系,主要为设计人们生活和工作使用的各种设施和工具提供数据参考。

2) 功能尺寸

功能尺寸[见图 2-6(b)]是指动态的人体尺寸,具体是指人体进行某种功能活动时肢体所能达到的空间范围,是由肢体运动的角度和长度相互协调所产生的范围尺寸。它是在动态的人体状态下测得的,对解决许多带有空间范围及位置的问题很有用。功能尺寸包括人的自我活动空间和人机系统的组合空间,可分为四肢活动尺寸和身体移动尺寸两类。其中,四肢活动是指人体在原姿势下只活动上肢或下肢,而身躯位置并没有改变,又可分为手的动作和脚的动作两种;身体移动包括姿势改变、行走和作业。

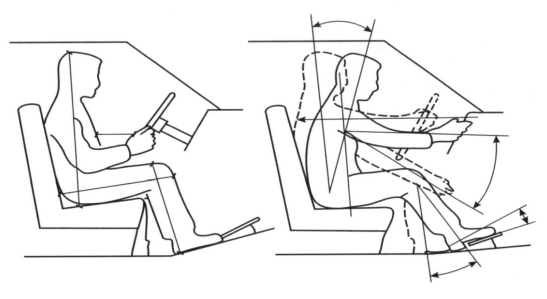

（a）构造尺寸　　　　　　　　　　　　（b）功能尺寸

图 2-6 构造尺寸与功能尺寸

对于大多数的设计来说,功能尺寸可能有更广泛的用途。使用功能尺寸时强调的是完成人体活动时人体各个部分的不可分离性,即相互之间不是独立工作,而是协调动作,具有连贯性和活动性。例如,手臂可及的极限并非唯一由手臂长度决定,它还受到肩部的运动、躯干的扭转、背部的屈曲以及操作本身的特性的影响。人可以通过运动能力扩大自己的活动范围,因此在考虑人体尺寸时只参照人的构造尺寸是不够的,根据人体结构去解决一切有关空间和尺寸的问题也是不可能的。

在进行城市公共设施设计时首先要满足人的生理需求。例如,户外公共座椅设计要运用人体工程学,落实适合人体尺度的家具尺度。由于人体的重量由脊柱承受且由上至下逐渐增加,因而椎骨也由上至下逐渐变得粗大。腰椎部分承受的重量最大,所以腰椎最粗大。当人体取坐姿工作时,往往会因座椅设计得不科学而采用不正确的姿势,从而导致脊柱疲劳、变形加速,并产生腰部酸痛等不适症状。如果座椅设计得能让腰部得到充分的支撑,使腰椎恢复到自然状态,那么疲劳就会得到延缓,从而使人感到轻松舒适。

由 Chang Rée、Jesper Vejby 和 Silas Raabymagle 设计的创新型长椅(见图 2-7)是一种可折叠、符合人体工程学且节省空间的座椅,适用于咖啡馆和户外区域。

图 2-7 创新型长椅

二、人体的基本尺度

人体的基本尺度是人体工程学研究的最基本的数据之一。它主要是指以人体构造的基本尺寸(又称为人体结构尺寸,主要是指人体的静态尺寸,如身高、坐高、肩宽、臀部宽度、手臂长度等)为依据,为了研究人体对环境中各种物理、化学因素的反应和适应力,分析环境因素对人生理、心理以及工作效率的影响程度,确定人在生活、生产和活动中所处的各种环境的舒适范围和安全程度,所进行的系统数据比较与分析的反映。人体尺寸随种族、性别、年龄、职业、生活状态的不同而在个体与个体之间、群体与群体之间存在较大的差异。我国不同地区人体各部分的平均尺寸如表2-1所示，我国成年男子中等人体地区人体各部分的平均尺寸如图2-8所示，我国成年女子中等人体地区人体各部分的平均尺寸如图2-9所示。

表2-1 我国不同地区人体各部分的平均尺寸

编号	尺寸参数	较高人体地区（冀、鲁、辽）		中等人体地区（长江三角洲）		较矮人体地区（川）	
		男	女	男	女	男	女
A	身高 /mm	1690	1580	1670	1560	1630	1530
B	肩宽度 /mm	420	387	415	397	414	385
C	肩峰至头顶高度 /mm	293	285	291	282	285	269
D	正立时眼的高度 /mm	1513	1474	1547	1443	1512	1420
E	正坐时眼的高度 /mm	1203	1140	1181	1110	1144	1078
F	胸廓前后径 /mm	200	200	201	203	205	220
G	上臂长度 /mm	308	291	312	293	307	289
H	前臂长度 /mm	238	220	238	220	245	220
I	手长度 /mm	196	184	192	178	190	178
J	肩峰高度 /mm	1397	1295	1379	1278	1345	1261
K	指尖到胸中心的长度 /mm	869	795	843	787	848	791
L	上身高长 /mm	600	561	586	546	565	524
M	臀部宽度 /mm	307	307	309	319	311	320
N	肚脐高度 /mm	992	948	983	925	980	920
O	指尖到地面高度 /mm	633	612	616	590	606	575
P	上腿长度 /mm	415	395	409	379	403	378
Q	下腿长度 /mm	397	373	399	369	391	365
R	脚高度 /mm	68	63	68	67	67	65
S	坐高 /mm	893	846	877	825	350	793
T	腓骨高度 /mm	414	390	409	382	402	382
U	大腿水平长度 /mm	450	435	445	425	443	422
V	肘下尺寸 /mm	243	240	239	230	220	216

老年人城市公共设施的设计要点如下。

(1) 座椅前部的下方不宜有横挡。

(2) 椅面高度和工作面高度必须是可以调节的或者是定制的。

(3) 小身材老年女性的腰围、臀围、股长未必与身高有常规的比例关系。

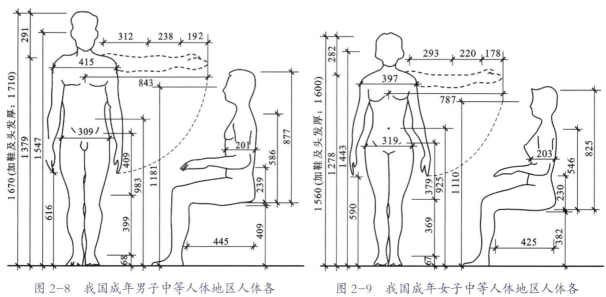

图 2-8　我国成年男子中等人体地区人体各部分的平均尺寸（单位：mm）

图 2-9　我国成年女子中等人体地区人体各部分的平均尺寸（单位：mm）

(4) 老年人的摸高应较常人降低约 76 mm。

(5) 老年人的探低应较常人抬高约 76 mm。

(6) 老年人的工作面高度应较常规降低约 38 mm。

三、人的心理特征

人的心理是人的感觉、记忆、思维、情感、意志、性格等一系列心理现象的综合。人的心理活动一般分为三大类型，一是人的认知活动，二是人的情绪活动，三是人的意志活动。例如，图 2-10 中的雕塑《我和爷爷学太极》就能够使人们达到情感上的共鸣。又如，在园椅的位置选择和布置方式上要考虑人的心理需求，满足人的谈、听、看、想四个行为需要。

图 2-10　雕塑《我和爷爷学太极》

四、人的环境行为与行为模式

人类创造了环境,环境反过来影响人类自身。《环境行为学概论》中有这样的描述:"在较大的公共空间中,人愿意在半公共、半私密的空间中逗留,这样他既有对公共活动的参与感,能看到人群中的各色活动,如果愿意的话随时可以参与到活动中。另一方面他有安全感,他是在一个有一定私密性的被保护的空间(protectivespace)之中,对这一暂时的局部领域,大体可以控制。"

1959年人类学家爱德华·霍尔以动物的环境和行为的研究经验为基础,根据人际关系的密切程度、行为特征确定人际距离,并将人际距离划分为亲密距离、个体距离、社会距离、公众距离4类,如表2-2所示。

表2-2 人际距离与行为特征

名 称	间 距	表 现
亲密距离(0～45 cm)	接近相(0～15 cm)	这是一种表达温馨、舒适、亲密以及激愤等强烈感情的距离,具有辐射热的感觉,是在家庭居室和其他私密空间里出现的人际距离。该距离属于私下情境,只限于在情感上联系高度密切的人之间使用
	远方相(15～45 cm)	可与对方接触握手
个体距离(0.45～1.3 m)	接近相(0.45～0.75 m)	这是亲近朋友和家庭成员之间谈话的距离。在该距离下,仍可与对方接触。该距离是在家庭餐桌上的人际距离
	远方相(0.75～1.3 m)	这是可以清楚地看到交谈时的细微表情的距离
社会距离(1.3～3.75 m)	接近相(1.3～2.10 m)	这是在社会交往中,同事、朋友、邻居等之间日常交谈的距离
	远方相(2.10～3.75 m)	这是交往不密切的距离。在旅馆大堂休息处、小型会客室、洽谈室等处,会表现出这样的人际距离
公众距离(>3.75 m)	接近相(3.75～7.50 m)	主要表现在自然言语的讲课处,单向交流的集会厅、演讲厅,正规而严肃的接待厅等处
	远方相(>7.50 m)	这是一个几乎能容纳一切人的开放空间,如讲演者和听众之间的距离。这个距离上的人之间未必发生一定联系

注:接近相是指在范围内有近距趋势,远方相是指在范围内相对的远距趋势;以上人际距离是适应在不同空间中人际交往的尺度衡量标准,同时也是确定交往空间和家具设备布置的依据。

1. 公共环境的私密性设计

私密性是人们作为一个个体对空间环境的基本要求,它表达了人们对生活的一种心理需求,是作为人体被尊重、享受自由的基本表现。如今,保持安全社交距离成为生活中的高频词。在公共场所和人群密集的地方保持至少1 m的距离可以有效减少病毒传播的风险。

图2-11所示是由设计师Nacho Carbonell设计的公共座椅。这些造型奇特的椅子是用金属丝、胶体和再生纸制作而成的,在椅子的上部有类似于茧的造型,将每一个椅子间隔出各自的单独空间,使空间具有一定的私密性。

图 2-11　Nacho Carbonell 设计的公共座椅

座椅应避免面对面设置,如果碰到必须设置对座椅的情况,可以考虑将它们按照一定角度布置,角度以 90°~120° 为宜。这个角度可以让人们非常自然地交谈,如果不愿意交谈也很容易各坐各的,不会感到尴尬。

2. 公共环境的向光性设计

受生理因素和心理因素的制约,人对光的需求和选择成为人实现安全需要的一个因素。城市公共设施的向阳性、夜间照明设施的安全性与引导性、对强光的遮挡性是城市公共设施人性化的又一体现。

3. 公共环境的习惯性设计

人类有许多适应环境的本能行为。在长期的人类活动中,通过环境与人类的交互作用而形成的本能,如抄近路习性、从众习性、原路返回习性等称为人的行为习性。为了到达预定的目的地,人们总是趋向于选择最短路径,这是因为人类具有抄近路习性。因此,在设计建筑、公园和室内环境时,要充分考虑这一习性。

第三节　城市公共设施的形态要素

形态一般指事物在一定条件下的表现形式。城市公共设施的形态要素是指由城市公共设施的外形和内在结构显示出来的综合特性。在设计用语中形态与造型往往混用,因为造型也属于表现形式,但二者是不同的概念。造型是外在的表现形式,反映在城市公共设施上就是外观的表现形式。形态既是外在的表现形式,也是内在结构的表现形式。

城市公共设施的表现形态一般有以下几种。

一、功能形态

在形态设计时注重实用性,即功能性,也就是说功能决定形式或形式依随功能,反映了功能的决定性和形式的依随性。

二、几何形态

几何形态以整齐的构造、明快的线条、简洁的艺术表现形式使人产生丰富的想象,如图 2-12 所示。

三、仿生形态

设计师通过研究自然界生物系统的优异形态、功能、结构、色彩等特征,在设计过程中有选择性地加以应用,创造出一种新的设施产品形态,这种设施产品形态就称为仿生形态,如图2-13所示。

图2-12　几何形态(设计:大连泛超空间雕塑工程有限公司)　　　图2-13　仿生形态

四、象征形态

象征形态类似联想形态,形态的象征性是其联想效果和隐喻的表现。象征形态是基于某个具体形态进行的类比暗示以及联想。

五、装饰形态

装饰形态符合人们习惯的观赏习性,追求设施的视觉审美。

六、触感形态

触感形态以曲面形态进行变化,变无机性为有机性,在形态的某个部分体现人体的一部分或触感的痕迹,如图2-14所示。

图2-14　触感形态

第四节　城市公共设施的材料与工艺

城市公共设施使用具有不同肌理效果的材料，带来不同的触觉感受。材料表面的肌理效果是材料表现力的重要载体。肌理效果可以是材料本身织造形成的表面效果，也可以是利用现代加工技术创造出来的新肌理效果。人们不仅可以通过视觉看到表面不同的图案、不同的纹样、不同的题材风格、不同的表现形式，还可以通过手和皮肤的触觉来触摸和感受肌理，如光滑、粗糙、软硬、韧脆等。这些不同的特征会使人进一步感受到生命的活力、平静或追忆历史等。城市公共设施的设计要根据实际需求合理地利用材料，最大限度地烘托环境氛围。

一、木材

触感温润的木材一直是设计师喜欢应用的材料，它的天然可再生性为景观建设带来节能和环保的效益。木材具有良好的弹缩性、湿胀性、干缩性、导热性、导电性和共振性小，但易于变形，遇水容易腐蚀，太阳长期照射会使其变脆断裂，遇火即燃烧。针对木材的这些特点，当用于室外设施时，木材必须经过防火和防水处理。根据木材的特点，木材一般用于制作座椅、拉手、扶手或儿童设施。木材通常使用面积不大，适合使用在与人体直接接触的部位。例如，在休闲座椅设计中，木材用于扶手和椅面部位，如图2-15所示，其他部位使用其他材料，这样既能让人们舒适地坐在上面，又能节省成本，增加牢固度，方便局部维护。

二、石材

石材包括天然石材（见图2-16）和人造石材。室外设施使用的天然石材主要有花岗岩和大理石。花岗岩和大理石都具有质地组织细密、结实、坚硬、耐磨、吸水率小、抗压性强、不变形、可磨光和肌理独特等优点。其中大理石不耐风化；而花岗岩耐腐蚀、耐高温、耐晒、耐冰冻等，比大理石更适合大量广泛地用于室外设施的主要部件，如用于凳石、台面。但是天然石材的成本比人造石材的成本高出许多，所以在一般的室外设施中用人工石材的居多。

图2-15　木材用于休闲座椅的扶手和椅面部位示例　　图2-16　天然石材

人造石材包括人造花岗岩和人造大理石，以石粉、石渣为主要骨料，以树脂为胶结成型剂，一次浇筑而成。人造石材在工艺上易于切割加工、抛光，花色接近天然石材，抗污性、耐久性及可加工性优于天然石材，施工方便，个性强，花色图案可以人为控制。现在科技的进步使人造石材的概念得以外延。例如，以废旧玻璃为原料生产的混合人造石材给人造石材家族增色不少，它具有半透明、彩画、放光、磨砂等多种形式，色彩种类较多,具有美观、实用、清洁、安全环保、运输方便等特点,为室外设施设计提供了更大的材料选择空间。

三、金属

金属(见图2-17)可分为铁金属和非铁金属两类。其中,铁金属包括不锈钢、铸铁、高碳钢等,硬度高、沉重;非铁金属以含铝、铜、锡及其他轻金属的合金为主,硬度低但弹性大。常用在城市公共设施中的金属材料有不锈钢(见图2-18)、铸铁、碳素钢、普通低合金钢等,通常是与其他材料结合应用。不锈钢被大量使用的原因是,它是不容易生锈的钢种,在空气、酸碱性溶液或其他介质中具有很高的稳定性。铸铁具有强度高、质量重、价格低等优点,通过烧沸、浇铸在预制模具中,脱模形成形态,通常用于制作扶手、室外设施的支架和底座。碳素钢含碳量越高,强度就越高,但可塑性(弹性与变形性)相应降低。普通低合金钢是一种含有少量合金元素的合金钢。它的强度高,具有耐腐蚀、耐磨、耐低温以及较好的加工和焊接性能。普通低合金钢通常制成型钢、钢管、钢板等半成品,使用于室外设施中的各种构件和组合部件上,如用于制作休闲座椅的腿部、垃圾桶、灯的柱子等。公共座椅使用的金属材料多是钢铁和铝材,其中尤以钢铁居多。钢铁具有良好的物理、机械特性,资源丰富,价格低廉,工艺性能好。

图2-17 金属材质

四、塑料

塑料(见图2-19)具有优良的物理、化学和机械性能,质量轻,强度高,色彩丰富。与同体积的铝相比,塑料的重量只有铝的二分之一,但强度与铝差不多,这对于运输和组装很有意义,适合构件化批量生产。但在高温和高压下,塑料会变形、老化。总体的防水、防锈性能决定了塑料大量用在室外设施中。现在在材料界研究出一种热固性树脂,它可以释放出银离子杀死附着于材料表面上的病菌,对人体无害,非常适合用于制作儿童游乐家具,如室外跷跷板、儿童屋、儿童混合游乐设施,也可用在电话亭等的挡风玻璃上、用亚克力制成的坐凳上。

图2-18 不锈钢材质

五、玻璃

玻璃的透光性好,化学稳定性好,又有良好的可加工性,在现代生活中被广泛应用。利用玻璃高透明的特殊质感进行设计,能够增加独特的视觉效果。除此之外,玻璃还具有很好的硬度且易清洁,但它容易破碎,存在危险隐患,使用时须做特殊处理。

六、混凝土

混凝土(见图2-20)具有坚固、经济、工艺加工和成型方便等优点,广泛用于休息设施中。但由于吸水性强、触感粗糙、易风化,混凝土经常与其他材料配合使用,如与砂石掺合磨光,形成平滑的坐面等。

图2-19 塑料材质

图2-20 混凝土材质

七、陶瓷

陶瓷表面光滑,耐腐蚀,又具有一定的硬度,适合制作公共座椅,特别是在适宜环境的衬托下,陶瓷公共座椅更显古拙纯真的特点。但是由于烧制工艺的限制,陶瓷公共座椅的尺寸不能过大,加之在烧制过程中容易变形,难以制作较复杂的形态。

例如PFA建筑事务所设计的萨吕区社区景观项目,将原工厂拆除后,住宅外墙裸露了出来,设计师因势利导,将住宅外墙用作公共空间的背景墙,用瓷砖覆盖古老的墙面,如图2-21所示。陶瓷价格不高,而且经过高温烧造,非常坚固,能够抵御风雨的侵蚀和温度的变化。

图2-21 瓷砖墙

八、复合材料

复合材料是指由两种或两种以上不同性质或不同形态的材料,通过特定的复合工艺组合而成的一种结构物。它既保持了原有组分材料的特点,又具有原有组分材料所没有的性能。常用玻璃纤维、石灰纤维等作增强剂,用塑料、树脂、橡胶、金属等作基体,组成各种复合材料。复合材料玻璃纤维增强塑料(即玻璃钢)就是很好的室外设施材料。

第五节　城市公共设施的色彩运用

色彩是视觉元素中非常重要的一个元素,它在视觉艺术中占有重要的地位。色彩是眼睛受到光线刺激引起的感觉作用。人的生理特点决定了人们对色和形的认知是由色到形、由形到文的过程。因此,最先闯入人们视线的是色彩,色彩处理效果不仅影响着视觉美感,而且影响着人的情绪及工作、生活效率。在人们对城市色彩环境逐渐重视的今天,环境、色彩与人的关系越来越密切。

一、色彩的感觉

色彩可以营造醒目、清晰、对比的效果,能够帮助人们更好、更快地阅读。此外,色彩可以而且应该用于"诱惑"人们,用于强调设计和解释信息或表达感觉和情感。色彩引起的感觉多种多样,有冷暖感、空间感、轻重感、时间感、新旧感、洁净感等。

1. 色彩的冷暖感

不同的色彩会引起不同的温度感觉。一般来说,长波的红色、黄色给人以温暖的感觉,而短波的蓝色给人以寒冷的感觉。具体来说,色彩的冷暖与色相的倾向密切相关。例如,发黄的红与发紫的红在冷暖上有很大差别,前者偏暖,而后者偏冷。

2. 色彩的空间感

1) 概述

色彩的空间感是指色彩给人以实际距离前进或后退,比实际大小膨胀或缩小的感觉。从色相方面来说,波长长的色相,如红、黄,给人以前进、膨胀的感觉;波长短的色相,如蓝,给人以后退、缩小的感觉。在设计中,利用色彩分隔空间是常见的设计手法。

2) 案例分析

丹麦哥本哈根 Superkilen 公园利用色彩划分空间,如图 2-22～图 2-29 所示。它是一个与公共交通系统、自行车交通系统和步行系统无缝连接的文化多样性超级公园。设计师用色彩再次对多文化共生城市邻里关系的建立进行了一次尝试。Superkilen 公园分为红色广场、黑色广场和绿色广场三个主要区域。红色广场用于提供市集、文化及运动空间;黑色广场是城市客厅,用作公共聚会场所;绿色广场具有高低起伏的绿色山丘,用于提供大型体育活动用地。

在色彩的运用上,三个广场各有特点。在红色广场的设计上,设计师尝试将边界范围内的色彩统一为红色来进行整合设计,给人以好似一张巨大的红色地毯从广场的四面八方被拉伸进来的感觉。与红色广场上的图案不同,黑色广场上的白线都是由北向南连续的线,并自然绕过场地内的设施元素形成柔和的曲线。在这里,图案避让而非穿越设施,从而突出了设施本身。设计师按照市民的需求,不仅保持并且增强了富于变化的曲线景观,而且将所有的自行车道、步行道都设计成了绿色。

图 2-22 Superkilen 公园项目鸟瞰图

图 2-23 Superkilen 公园总平面图

图 2-26 红色广场健身场地

图 2-24 黑色广场、红色广场

图 2-25 红色广场自行车道

图 2-27 黑色广场鸟瞰图

图 2-28 黑色广场游乐场

图 2-29 绿色广场鸟瞰图

3. 色彩的轻重感

色彩的轻重感主要由色彩的明度决定,明度高的亮色感觉轻,明度低的暗色感觉重。另外,物体表面的质感效果对色彩的轻重感也有较大影响。

二、色彩的装饰性

人们生活在色彩的世界里,色彩不仅丰富了人们的生活,还满足了人们的不同审美需求,具有一定的装饰性。

三、色彩的联想性与象征性

1. 概述

色彩的联想是指人们常常把眼前看到的色彩跟以往的各种经历联系起来。通过联想产生抽象的感觉,从而形成色彩的象征性。

不同的国家、民族因为地域环境、文化背景的不同,对色彩的理解是不一样的,往往给各种色彩赋予浓厚的人文特色。但人类的感性具有共通的一面,对色彩的直观感受也存在很多共性,这正是色彩产生象征作用的基础。色彩的象征功能有些是由色彩本身的特性决定的,有些则是约定俗成的。例如,我国的邮筒采用墨绿色,而有的国家则采用黄色或红色。

当我们看色彩时常常想起以前与该色相联系的色彩,产生色彩联想。色彩的联想与象征意义如表2-3所示。

表2-3 色彩的联想与象征意义

色 相	联 想	象 征
红	血液、太阳、火焰	热情、危险、喜庆、暴发、反抗
橙	橙子、晚霞、秋叶	快乐、温情、炽热、明朗、积极
黄	香蕉、黄金、菊花、信号	明快、光明、注意、不安
绿	树叶、植物、公园、安全	和平、理想、成长、希望
蓝	海洋、天空、湖泊	沉静、凉爽、忧郁、理性、自由
紫	葡萄、茄子、紫罗兰	高贵、神秘、优雅、嫉妒、病态
白	白雪、白云、白纸、医院	朴素、虔诚、神圣、虚无
黑	头发、墨水、夜晚、木炭	死亡、恐怖、邪恶、严肃、孤独

2. 案例分析

马克斯·谭宁邦康复花园(Max Tanenbaum Healing Garden)位于多伦多玛嘉烈医院癌症治疗中心(Princess Margaret Cancer Centre),由加拿大JRS景观设计工作室(Janet Rosenberg & Studio)设计。该花园全部采用人工材料,但在形态上又无限贴近大自然。玻璃花以手工吹制的玻璃为材料,色彩缤纷,造型各异,与整齐划一的人造植栽巧妙结合。该花园以丰富的色彩和贴近自然的形态象征康复与希望。玻璃花的设计是本案例的亮点,设计师将花朵视为大自然韵律的象征和寒冷冬日里的一丝温暖。在本案例中,玻璃设计顾问让·万利斯-克雷格(Jenn Wanless-Craig) "发明"了一种特殊的花(两茎、三片花瓣、三穗、单叶),该花四季常新,充满生机与希望。设计中,借鉴西方文化中花卉的传统寓意,如玫瑰代表爱情、百合代表纯洁、向日葵代表奉献,衍生出不同的花。每一种花需要不同的制作过程,最后全都安装在一根根长长的不锈钢花杆上,花杆高出法式花坛约 0.6 m。设计的关键是色彩,色彩的选择借鉴了维多利亚时期花卉的象征意义。相同色调的花朵聚在一起,如图 2-30 所示,在视觉效果上更有冲击力。这是一篇用色彩写就的诗歌——粉色是悲悯,紫色是力量,红色是勇气,橙色是高贵,黄色是坚毅,绿色是好运,蓝色是感激。

图 2-30 色彩的象征性

四、色彩的协调性

为了保持空间环境的整体感和协调感,城市公共设施的色彩应当采取较为简单的配色原则。除了指示系统,其余醒目程度较低的城市公共设施可以采用从其所处街道的建筑、路面等提取色彩,进行类似色相、类似色调调和的方法来进行配色。

● 实训任务

1. 收集国内历史街区优秀案例,以 PPT 的形式进行总结汇报。

2. 设计一款户外公共座椅,要求有鲜明的主题来源和明确的定位,充分考虑人体工程学的要求、舒适性、材料、颜色、美感等要素。

第三章 城市公共设施的分类和内容

知识目标

掌握城市公共设施的分类,以及不同类型公共设施的行业特征和设计标准、施工工艺等知识。

能力目标

1. 熟知城市公共设施的分类和内容。

2. 掌握不同类型公共设施的行业特征。

3. 了解和认识公共设施设计,并对装饰类、交通类、服务类、卫生类和休息类等公共设施的系统设计进行学习和练习实践。

素养目标

1. 遵守公共设施设计的国家规范与行业标准,具有较强的规范意识。

2. 注重职业习惯的培养。

3. 培养团队精神。

第一节　城市公共设施的分类

长期以来，各国、各地区不同的分类原则产生了各有侧重的、不同的分类结果，各国、各地区都在归纳中寻求各自发展的方向和空间，都能够符合本国、本地区的环境需要。例如，在巴塞罗那桑兹区，设计师摒弃了将整个轨道交通系统埋于地下的方案，将一个"透明"的盒子罩在铁路轨道上方，最终打造出一个长度超过800 m的铁轨公园。该公园中的公共设施（见图3-1）不仅让人回想起旧日的铁路桥梁，而且给人一种闹中取静的感觉。以下是英国、德国及日本等国对城市公共设施的分类，我们可以从中得到一些启发。

图3-1　巴塞罗那铁轨公园公共设施

一、英国城市公共设施的分类

(1) high mast lighting（高柱照明）。

(2) lighting columns DOE approved（环境保护机关制定的照明）。

(3) lighting columns group A（照明灯A）。

(4) lighting columns group B（照明灯B）。

(5) amenity lighting（舞台演出照明）。

(6) street lighting lanterns（街路灯）。

(7) bollards（矮柱灯及护栏）。

(8) litter bins and grit bins（垃圾箱和防火砂箱）。

(9) bus shelters（公共汽车候车亭）。

(10) outdoor seats（室外休息椅）。

(11) children's play equipments（儿童游乐设施）。

(12) poster display units（广告塔）。

(13) road signs（道路标志）。

(14) outdoor advertising signs（室外广告实体）。

(15) guard rails, parapets, fencing and walling(防护栅、栏杆、护墙)。

(16) paving and planting(铺地与绿化)。

(17) footbridges for urban roads(人行天桥)。

(18) garages and external storages(车库和室外停车场)。

(19) miscellany(其他)。

二、德国城市公共设施的分类

(1) floor covering(地面铺装)。

(2) limits(路障、栅栏)。

(3) lighting(照明)。

(4) facade(裱装)。

(5) roof covering(屋顶)。

(6) disposition object(配置)。

(7) seating facility(坐具)。

(8) vegetation(植物)。

(9) water(水)。

(10) playing object(游具)。

(11) object of art(艺术品)。

(12) advertising(广告)。

(13) information(引导、询问处)。

(14) sign posting(标识牌)。

(15) flag(旗帜)。

(16) show-case(玻璃橱窗)。

(17) sales stand(售货亭)。

(18) kiosk(电话亭)。

(19) exhibition pavilion(销售陈列摊位)。

(20) tables and chairs(椅和桌)。

(21) waste bin(垃圾箱)。

(22) bicycle stand(自行车停放架)。

(23) clock(钟表)。

(24) letter box(邮筒、邮箱)。

三、日本城市公共设施的分类

这里以道路为例来说明日本城市公共设施的分类。

道路由道路本体、道路构造物、道路附属物以及道路占有物构成。

1. 道路本体要素

道路本体是指根据土木工程构筑的地基工程及道路的宽度和长度的整体。

(1) 土木工程的基础。

(2)路面的铺装工程。

2.道路构造物要素

道路构造物有桥梁和隧道,可以认为是道路的延长。

(1)桥梁、高架立交桥。

(2)隧道、地下通道。

(3)道路隔离栏、防护墩。

3.道路附属物要素

道路附属物是道路本体的一部分,是为了维护交通安全而采取的必要的措施。

(1)道路宣传安全要素(立交桥、防护栅、道路照明、视线诱导标志、眩光防止装置、道路交通反射镜、防止进入栅)。

(2)交通管理要素(道路标志、道路信号、紧急电话、可变性标识、交通管理御制系列)。

(3)驻车场等要素(管理亭、停车场、公共汽车停车区、休息处)。

(4)防雪、除雪要素。

(5)安全要素。

(6)防音要素。

(7)公共隔离障碍(如道路与道路以外环境的隔离沟或绿化隔离带)。

(8)绿化要素。

4.道路占有物要素

道路占有物是道路附属的不可缺少的设施。城市公共设施主要设置于道路范围,并以道路附属物和道路占有物为主。

(1)空间要素(地下街)。

(2)设备要素(电力设施、电话线、水道、下水道、煤气管道等)。

(3)休息要素(长椅、咖啡亭等)。

(4)卫生要素(垃圾箱、烟灰缸、饮水器、公共厕所)。

(5)照明要素(步行者专用照明、商店照明、投光照明)。

(6)交通要素(公共汽车站、停车场装置)。

(7)信息要素(道路引导标志、住宅区引导标志、公用电话等)。

(8)配景要素(雕塑、纪念碑、喷泉)。

(9)购物要素(贩卖亭、广告塔、商品陈列橱窗等)。

(10)其他要素(游乐设施、展示陈列装置等)。

四、中国城市公共设施的分类

中国目前还没有完整的城市公共设施分类原则供遵循,本书紧密联系自然环境、设施物体和人这三个元素,按照城市公共设施的用途进行分类。在分类过程中难免会遇见一些服务功能重叠的现象,这时通常会以主要服务角色为归类标准。例如,导游信息栏既可放在公共信息设施中,也可放在公共交通设施中,但由于其功能性大过于观赏性,故将其归类在公共信息设施中。

中国城市公共设施的分类如表3-1所示。

表 3-1 中国城市公共设施的分类

城市公共设施的种类	内容
公共信息设施	公用电话亭、街钟、邮筒、商业性广告牌、广告塔、招牌、条幅、幌子，以及非商业性的标识牌、路牌、导游信息栏、电子问讯装置等
公共交通设施	城市轻轨站、地铁站、地下通道、人行天桥、公交候车亭、护柱、护栏、自行车停放架、盲道等
公共休息服务设施	公共座椅、凉亭、棚架、售货亭、自动售货机等
公共游乐健身设施	儿童游乐设施、公共健身设施等
公共卫生设施	公共厕所、垃圾箱、烟灰缸、饮水器、洗手池等
公共照明设施	道路照明、商业街照明、庭院照明、广场照明等
公共管理设施	路面井盖、室外消防栓、配电箱等
公共配景设施	景观雕塑、植物景观等
无障碍设施	无障碍信息设施、无障碍交通设施等

第二节　公共信息设施

公共信息设施是指公共环境中人们可通过视觉、听觉、触觉获取各类城市环境信息的设施。公共信息设施包括公用电话亭、街钟、邮筒、商业性广告牌、广告塔、招牌、条幅、幌子，以及非商业性的标识牌、路牌、导游信息栏、电子问讯装置等，人们可以通过公共信息设施了解到各种有价值的信息。公共信息设施作为信息传播的载体，有效地将人与人、人与环境、人与城市连接在了一起。

一、标识牌

标识牌（见图3-2）是在不同的时空环境、不同区域，采取立、挂、吊、粘等方式安装的，有一定制作标准的，质地多样化的，通过文字表达方位功能或信息功能的牌子。城市公共设施中的标识牌，按照功能的不同可分为定位类、信息类、导向类、识别类、管制类和装饰类六大类。

1. 定位类

定位类标识牌能够帮助使用者确定自己在环境中所处的位置。这类标识牌包括地图、建筑参考点以及地标等。

2. 信息类

信息类标识牌能够提供详细的信息，在环境中随处可见。公园门口的票价表、博物馆的开放时间牌以及即将举行的各种活动的时间安排表等都是信息类标识牌。

图 3-2　标识牌

3. 导向类

导向类标识牌可以引导人们前往目的地，是人们明确行动路线的工具。

4. 识别类

识别类标识牌是一种很重要的判断工具。它可以帮助人们确定目的地或让人们识别特殊的地点。识别类标识牌可以标明一件艺术品、一座建筑物、一个建筑群或一种环境。

5. 管制类

管制类标识牌标示了有关部门的法令规范，告诉人们可以做什么，禁止做什么。它们的存在是为了保护公众,使其远离危险。这类标识牌有一种强制遵循的意义。

6. 装饰类

装饰类标识牌美化了一个环境或环境中的某些元素,使它们更富吸引力。这类标识牌包括旗帜、匾额等。

二、公用电话亭

公用电话亭是常见的公共信息设施之一。

1. 分类

公用电话亭按其外形可分为封闭式、敞开式、附壁式三种类型。

(1)封闭式。

封闭式公用电话亭(见图3-3)适用于宽敞空间,如公共绿地、旅游景点、广场、宽阔道路等。

(2)敞开式。

敞开式公用电话亭适用于一般道路等。

(3)附壁式。

附壁式公用电话亭(见图3-4)适于安装在其他构筑物(如墙体、其他构筑物本体等)上。

图3-3 封闭式公用电话亭　　　　图3-4 附壁式公用电话亭

2. 设计要点

公用电话亭的尺寸设计存在不足,会使人们在使用电话时感到不舒服和不方便。合理地设计公用电话亭不仅能够更好地满足人们正常使用的要求,而且能够美化城市,成为一道亮丽的风景线。

公用电话亭的设计要点如下。

(1)公用电话亭处于城市公共环境中,要与环境相和谐,设计时应注意造型结构、材质耐用、色彩统一、维修方便等因素,同时要满足公用电话亭未来的发展需要。

(2)设计时应考虑使用者在使用过程中对私密性的要求,注意适当分隔。

(3)在步行环境中公用电话亭一般每隔100~200 m设置一个,且公用电话亭的高度约2 m,长度、宽度视空间环境的大小而定,材料常采用铝材、钢板、钢化玻璃、有机玻璃等。

三、街钟

伴随着人们生活节奏的日益加快和时间观念的日趋增强,街钟(见图3-5、图3-6)作为一种可以方便人们随时掌握时间概念的城市公共设施,越来越多地出现在步行街的设计之中。街钟既可以独立安装,也可以与建筑物结合安装。需要注意的是,街钟要安装在相对较高的地方,这样更容易成为环境的焦点。另外,在设计过程中,应适当注重街钟在结构方面的设计,使其尽可能展现周围地区的风格特色。

图3-5 天津世纪钟

图3-6 街钟

第三节 公共交通设施

公共交通设施(见图3-7)的范畴较大,它是指为方便公众在城市中的出行而设置的各类城市公共设施。公共交通设施包括公交候车亭、地铁站、停车场、收费站、加油站、人行通道、护栏、信号灯等。公共交通设施为城市交通设立了有序的规则,可改善城市交通质量,保障人们出行的安全和便利。

一、公交候车亭

公交候车亭是城市公交系统重要的组成部分,是评价一个城市的文明程度和经济发展水平的重要指标。它的主要功能是保障人们在候车、上下车时的安全性和方便性。

1. 组成部分

公交候车亭包括公交停车空间、行人上下车空间、候车亭空间、交通标牌,一般情况下还设有垃圾箱、烟灰缸、线路导引设施、照明设施和广告设施等。如果有条件,应在公交候车亭增设一些供人短时间休息的公共座椅或装置,同时还应设盲道,以满足残障人士的需求。

图 3-7 公共交通设施

2. 分类

公交候车亭主要有半封闭式和顶棚式(见图 3-8)两种。半封闭式公交候车亭的特点是从顶棚到背墙,一侧或两侧均采用隔板来隔离外界,空间划分较明确;顶棚式公交候车亭的特点是四周通透,只有顶棚和支承柱。顶棚式公交候车亭适用于空间环境小、人流大的环境。

图 3-8 顶棚式公交候车亭

3. 设计原则

(1)公交候车亭的设计要反映城市和地域的环境特点。各个城市的公交候车亭不要互相照搬、照抄造型,要有自己的个性和特点。一座城市的各线公交候车亭也应根据环境做一定的调整,力戒"千亭一面";但也应注意变化幅度,避免变动过大,应在统一中寻求变化。

(2)公交候车亭的设计要注意其易识别性和自明性。对同一车种和线路,公交候车亭的造型、色彩、材料、设置位置等应做到统一、连续。对于靠近道路树木的公交候车亭,树木可起到突出位置和局部遮蔽的作用,凸起的站台可利用地面铺装加以强调;公交候车亭的站牌应规格统一,且设置醒目。

(3)公交候车亭的设计要注意与环境调和,不能过于突出。一些国外城市的做法是采用玻璃顶板和侧板,减少防护栅和支柱等附加构件,这样可以减少对街道景观的障目感和繁杂感,也利于公交候车亭中的人向外观望。

4. 设计要点

(1) 公交候车亭一般采用不锈钢、铝材、玻璃、有机玻璃板、阳光板等耐气候变化性能好、耐腐蚀性好并且易于清洁的材料建造,而且材质、色彩的运用要注意易识别性。

(2) 公交候车亭体量较大,对环境的影响颇大,造型应力求简洁大方、富有现代感,并且要考虑夜间的灯光景观效果,处理好与城市、区域特色及个体的关系,以便能够和整个环境融合在一起。

(3) 一般城市中所设的公交候车亭长度标准车长的 1.5 倍,宽度不小于 1.2 m。

二、道路分隔设施

1. 护栏

护栏(见图 3-9)是一种水平连续重复出现的构件。造型别致、色彩明快、高度适宜、疏密得当的护栏给人以整齐、顺畅、大气、舒适的感觉。护栏用于道路两侧,可防止行人随意穿越马路,达到完全分隔的效果。护栏常用的材料有铸铁、不锈钢、混凝土、木材和石材等。

图 3-9 护栏

2. 隔离设施

隔离设施包括隔离墩(见图 3-10)、隔离柱(见图 3-11)、车挡、缆柱等。道路上隔离墩、隔离柱的主要功能并不在于实际上的分隔,而是形成一种心理上的隔离。车挡有固定式的,也有可移动式的,车挡的尺度不宜过大,车挡的高度一般为 70 cm 左右,设置间隔为 60 cm 左右。车挡过高会给人以视线上的阻滞感,达不到空间上隔而不断的效果。缆柱分为有链条式和无链条式两种。缆柱所使用的材料种类很多,如铸铁、不锈钢、混凝土、石材等。缆柱常用于步行区和机动车道路之间,有些缆柱还可作为街道坐凳使用。

图 3-10 隔离墩

图 3-11　隔离柱

三、自行车停放架

为了满足自行车存取和街道观瞻的要求，室外通常设有方便的自行车停放架(见图 3-12)。自行车停放架是自行车停放场地的主要装置。常见的自行车停放方式有普通的垂直式、倾斜式以及利用自行车停放架提高停放场所容纳能力的双层错位式。

图 3-12　自行车停放架

自助自行车租赁系统(见图 3-13)是政府将特制的高质量自行车安放在城市各个角落的自行车站，同时有一套电子智能系统来管理人们对自行车的租借、使用和存放。

图 3-13　自助自行车租赁系统

第四节　公共休息服务设施

公共休息服务设施包括公共座椅、凉亭等。这些设施可便于人们在公共空间中休息和交流,充分体现了社会对人的关怀,也赋予公众享受生活的乐趣。

一、公共座椅

公共座椅(见图 3-14)有多种形式,长椅、脚凳、嵌入式座椅、坐墙、可以斜靠的栏杆、模块化横梁系统,以及室外剧场中的座位等都是较常见的公共座椅。除此之外,不管是不是出于设计师的本意,室外的许多其他物体或场地构件也被当成椅子使用,如巨石、台阶、墙垛等。

如今,设计师利用透明隔板创造屏障,并集成于长椅、长凳之上,在保护人们安全的同时,将对美感的影响降到最低,与周边环境也十分协调。

图 3-14　各类公共座椅

1. 设计要点

公共座椅设计要考虑以下几个因素。

1) 椅面部分

(1) 为了使公共座椅更加舒适,靠背与椅面之间可以保持95°~105°的夹角(若有靠背),而且椅面与水平面之间也应保持2°~10°的倾角。

(2) 对于有靠背的公共座椅,椅面的深度宜为30~45 cm;而对于没有靠背的座椅,椅面的深度可以在75 cm左右。

(3) 45 cm的椅面高度可以提高公共座椅的舒适度。

(4) 椅面的前缘应该做弯曲处理,尽量避免设计成方形。

(5) 最令人感到舒适的椅面材料是木材。木材富有弹性,在室外既不会过冷也不会过热,令使用者倍感舒适。

(6) 如果椅面是由宽度较小(如5 cm左右)的木条成组拼接构成的,这些木条可以形成起伏的曲线以增加舒适度。也有一些椅面是由较宽(如20 cm左右)的木条成组拼接构成的。虽然后者在舒适程度上不及前者,但在蓄意破坏公共设施较为频繁的地区,选择后者更合适。

(7) 对于公共座椅的长度,应视具体情况来决定,一般可以为每位使用者保留60 cm的长度。

2) 靠背部分

(1) 若座椅有靠背,设计靠背时应注意以下两点。

① 为了增加公共座椅的舒适度,公共座椅的靠背应微微向后倾斜且形成曲线。

② 公共座椅靠背的高度可以保持在50 cm左右,这样不仅可以使使用者的后背得到支撑,连肩膀也会感到有所依靠。

(2) 没有靠背的公共座椅应该允许使用者在两边同时使用。设计没有靠背的公共座椅时,应考虑以下两点。

① 椅腿部分。椅腿绝不能超出椅面的宽度,否则人们极易被椅腿绊倒。

② 扶手部分。扶手的作用是多方面的,它既可以帮助使用者站起来离开公共座椅,又可以将公共座椅分隔成几个部分以便更多的人同时分享它。将扶手用作公共座椅的分隔物可以使人们在群体中同时感受到私密性。当然,扶手的边缘也不应超出椅面的边缘,扶手的表面应该是坚硬、圆润且易于抓握的。

2. 案例分析

1) 案例分析1

在达克兰城市公园(Docklands City Park),花椒树下设置了大体量的环形公共座椅(见图3-15),既保护了树木,又营造了休息空间。设计师全程与树木栽培专家和结构工程师合作,以便使公共座椅的结构不会损害到古树的根部。

图3-15 环形公共座椅

条形公共座椅采用预制的混凝土构件,从一片桉树中蜿蜒而过,如图3-16所示。条形公共座椅中木质部分采用的可回收利用的硬质木材,取自码头拆迁的废料。

图3-16　条形公共座椅

2)案例分析2

波兰城市广场中设置了可以满足不同人群需要的城市家具,如中间是花坛的巨大圆形长椅。波兰城市广场中的活动座椅可以被摆放成露天剧场的样子,同时波兰城市广场中还配有供演出使用的指挥台。人们或坐或卧,或是像在剧场里的观众厅一样呈阶梯式落座,自由享受不同的活动。每个座位旁都种有植物,花坛里的树木和茂盛的花草给人们带来隐蔽而亲密的感受,使这片新的城市客厅更加舒适宜人。波兰城市广场中的公共座椅如图3-17所示。

图3-17　波兰城市广场中的公共座椅

3)案例分析3

纽约时代广场放置了三个X形躺椅(见图3-18),每个X形躺椅最多能容纳四个人,X的每个边都是一个几乎水平的躺椅,人们能躺下以一个完全不同的视角更悠闲地欣赏时代广场的繁华街景。X形躺椅最初的灵感来自时代广场百老汇和第七大道的 X 形交叉口。

图 3-18　X 形躺椅

二、凉亭

1. 概述

凉亭(见图 3-19)是在城市空间中用于休息、停留,同时观赏环境的空间设施,起到调和过渡空间环境的作用,以求人视觉和心理的平衡,同时激发不同环境的活力。凉亭可分为传统凉亭和现代凉亭两大类。

图 3-19　凉亭

2. 案例分析

项目名称：银杏里文化商业街区设计（见图3-20～图3-26）。

设计方：东南大学艺筑建筑工作室。

主创建筑师：杨志疆设计团队 尹凌峰（结构）、周明灿、邹雪、冯海辉、张媛婷。

该设计采取"树林下的花海"意向来呼应场地及周边的重要的文化建筑。设计首先确定六边形为基本形态，这是因为六边形便于向各个方向进行组合；其后再对其进行切割和变形，最终形成抽象的"花"的意向，"花"以伞状的薄壁钢结构为支撑，向六个方向打开。通过结构杆件以及辅助杆件的划分和布置，形成具有美感的基本单元，单元同功能和结构高度匹配，加之色彩的运用，就为文化街区丰富的变化打下了良好的基础。

图3-20 "树林下的花海"构思草图　　　　图3-21 形式提取与单元生成

图3-22 街区整体航拍图　　图3-23 山花坊日景　　图3-24 仰视"伞花"

图3-25 风花坊夜景　　　　　　　图3-26 星花坊夜景

三、售货亭

随着现代城市空间环境质量的提升、人们对生活条件要求的提高,兼具服务和提供信息功能的售货亭成为不可缺少的城市公共设施。

售货亭的形式多种多样,它从形态上分为几何型、不规则型、仿古亭型等,从材料上分为塑料制、木制、铝合金制、玻璃制等,从功用上分主要有书报亭(见图3-27)、售花亭(见图3-28)、售票亭(见图3-29)、问讯处等。

售货亭具有小型多样、机动灵活、购销便利的特点,在城市环境中较为引人注目。对售货亭的设计,不仅要紧凑、实用,便于大批量生产,而且最好能够反映城市和地域的环境特点。在设计售货亭时,应考虑到场所的空间及其与行人交通的关系,既便于让人承载和随时利用,又能提高城市景观和环境效益,建设千篇一律的售货亭并不是理想的状态。

四、自动售货机

自动售货机(见图3-30)可延长营业时间,使人们的购物更加方便,同时节省一些常见物品的销售人力资源,提升城市商业空间的利用率。这种城市公共设施自出现以来就发挥了非常巨大的作用,因此得到了快速的发展。自动售货机通常安装在人群比较集中的地段。为了方便人们使用,自动售货机的性能在不断地改进。自动售货机的外观一般采用艳丽的颜色,以引起人们的注意。

图 3-27　书报亭

图 3-28　售花亭

图 3-29　售票亭

图 3-30　自动售货机

第五节 公共游乐健身设施

公共游乐健身设施不仅能够满足人们休闲、嬉戏的需求,还能锻炼人的心智和体能,使人们的生活质量得以提高,是人们生活中不可缺少的内容。它主要包括儿童游乐设施、公共健身设施等。

一、儿童游乐设施

游乐设施又称为游戏的道具或游具。它是人们在娱乐和玩耍中的物质载体,也是配合人们进行游戏和获得快乐的工具。儿童游乐设施(见图3-31)是居住区和公园景区等城市公共设施系统的重要组成部分。儿童游乐设施种类繁多,包括沙坑、水池、游戏墙、迷宫、秋千、滑梯、滑板场、吊床等。

图 3-31 儿童游乐设施

儿童游乐设施设计要注意以下问题。

(1)儿童游乐设施的主要功能是满足儿童的游乐需求。应提供各种不同的儿童游乐设施,如探险类、想象类、空间类等,以满足儿童不同的需求。儿童游乐设施应该根据儿童的尺度来设计。例如,居住区沙坑的规模一般为 $10\sim20\ m^2$,沙坑中若安置游乐器具,沙坑面积要适当加大,以确保基本活动空间、利于儿童之间的相互接触。沙坑最好建在向阳处,这样既有利于儿童的健康,又可给沙子消毒。沙坑深度宜为 $40\sim45\ cm$,沙子必须以细沙为主,并经过冲洗。沙坑四周应竖 $10\sim15\ cm$ 的围沿,以防止沙子流失或雨水灌入。围沿一般采用混凝土、塑料和木材制成,上可铺橡胶软垫。

(2)要提供成人休息、监护的空间。成人一般是陪同者,很少参与儿童的游乐,所以要给成人提供舒适的休息空间,让他们能耐心地等待游玩的儿童。成人休息空间的位置要充分考虑与儿童的距离,保证儿童在大人的视线范围内,以利于监护儿童。成人休息空间还应充分考虑遮阳因素,因为自然的儿童游乐设施适合春夏温暖的季节。成人休息空间的数量和大小应根据儿童游乐设施的容纳量确定。

(3)在儿童游乐设施的设计中,还要考虑到过渡空间,如洗手池、卫生间等。

二、公共健身设施

随着物质文化水平的提高,人们的健身意识不断提高,对公共健身设施(见图3-32、图3-33)的需求也随之增长。目前,在小区、广场、公园、校园等公共场所一般都设置了大量的健身设施。

图 3-32 公共健身设施

图 3-33 悉尼科技大学校园中的公共健身设施

三、案例分析——草甸之峰游乐场公共设施设计

由 DCLA (Design Concepts Landscape Architecture) 景观事务所设计的草甸之峰游乐场 (Meadow Crest Playground) 是兰顿市政府和兰顿学区联合开发的首个无障碍综合游乐场。整个游乐场全部采用无障碍设计，残障儿童也能在此找到适合他们的游戏。趣味化的大自然主题设计让该游乐场充满活力。该游乐场的吉祥物——一条长约 7.6 m 的巨型彩色毛毛虫也呼应了这一主题。该游乐场共有幼儿区、5～12 岁儿童区和集体游乐区三个游乐区，适合不同年龄段的儿童。该游乐场在设计上符合国家标准，通过各式各样的游戏，孩子们可以尽情地学习、玩乐、探索、交往、锻炼运动技能。

设计师特别使用了能促进儿童身体发育的儿童游乐设施，如滑梯、秋千、转盘和各种攀爬设施等。此外，设计师还安排了非传统的游戏，旨在促进儿童感官发育。该游乐场的布局和儿童游乐设施全都以无障碍设计为出发点，让各类身体情况和智力情况的儿童都能参与游戏。而且，设计的游戏能让儿童与老师、朋友和家人一起玩耍。所有游乐区旁边都设有无障碍通道，使人们的行动非常方便。

草甸之峰游乐场中的公共设施如图 3-34 所示。

图 3-34　草甸之峰游乐场中的公共设施

续图 3-34

第六节　公共卫生设施

公共卫生设施主要是指为了保持城市环境卫生和满足人们个人卫生及其他行为需求而设计的各类城市公共设施。公共卫生设施主要包括垃圾箱、公共厕所、饮水器等。良好的公共卫生设施设计，一则保护了环境卫生，美化了城市；二来提高了居民的生活品质，给公众的生活提供了各种便利。

一、垃圾箱

随着人们审美观念的进步，垃圾箱的造型、材料在不断革新，单一的桶状、立方体被各种几何造型、卡通造型代替，各种木材、有机材料以及天然石材垃圾箱层出不穷。垃圾箱如图 3-35 所示。

生活垃圾划分为四类，即可回收垃圾、不可回收垃圾、有害垃圾和其他垃圾。可回收垃圾表示适宜回收和资源利用的垃圾，包括纸类、塑料、玻璃、金属、织物和瓶罐等，用蓝色垃圾容器收集。有害垃圾表示含有害物质，需要进行特殊安全处理的垃圾，包括电池、灯管和日用化学品等，用红色垃圾容器收集。其他垃圾表示分类以外的垃圾，用灰色垃圾容器收集。不同颜色的垃圾箱代表着回收不同类型的垃圾。

图 3-35　垃圾箱

续图 3-35

二、公共厕所

1. 概述

厕所在英国称为 toilet；公共厕所（见图 3-36）在英国称为 public toilet，在美国称为 restroom，两个国家都能用的公共厕所简称是 WC。公共厕所是方便居民和游客生活、满足人们生理功能需要的必备设施，是展示现代社会文明形象的窗口。

图 3-36　公共厕所

2016 年 9 月 5 日，住房和城乡建设部批准《城市公共厕所设计标准》为行业标准，编号为 CJJ 14—2016，自 2016 年 12 月 1 日起在全国范围开始实施。公共厕所分为固定式和活动式两类。其中固定式公共厕所包括独立式和附属式。公共厕所的设计和建设应根据公共厕所的位置和服务对象按相应类别的设计要求进行。独立式公共厕所按周边环境和建筑设计要求分为一类、二类和三类。独立式公共厕所的类别设置应符合表 3-2 的规定。

表 3-2　独立式公共厕所的类别

设置区域	类别
商业区、重要公共设施、重要交通客运设施、公共绿地及其他环境要求高的区域	一类
城市主、次干路及行人交通量较大的道路沿线	二类
其他街道	三类

注：独立式公共厕所二类、三类分别为设置区域的最低标准。

附属式公共厕所按场所和建筑设计要求分为一类和二类。附属式公共厕所的类别设置应符合表3-3的规定。

表3-3 附属式公共厕所的类别

设置场所	类别
大型商场、宾馆、饭店、展览馆、机场、车站、影剧院、大型体育场馆、综合性商业大楼和二、三级医院等公共建筑	一类
一般商场(含超市)、专业性服务机关单位、一般体育场馆和一级医院等公共建筑	二类

注:附属式公共厕所二类为设置场所的最低标准。

独立式公共厕所平均每厕位建筑面积指标应为:一类,5~7 m^2;二类,3~4.9 m^2;三类,2~2.9 m^2。

2. 公共厕所第三卫生间

公共厕所第三卫生间是供老、幼及行动不便者使用的卫生间。第三卫生间应在下列各类厕所中设置。

(1)一类固定式公共厕所。

(2)二级及以上医院的公共厕所。

(3)商业区、重要公共设施及重要交通客运设施区域的活动式公共厕所。

第三卫生间的设置应符合下列规定。

(1)位置宜靠近公共厕所入口,应方便行动不便者进入,轮椅回转直径不应小于1.50 m。

(2)内部设施宜包括成人坐便器、成人洗手盆、多功能台、安全抓杆、挂衣钩、呼叫器、儿童坐便器、儿童洗手盆、儿童安全座椅。

(3)使用面积不应小于6.5 m^2。

(4)地面应防滑、不积水。

(5)成人坐便器、成人洗手盆、多功能台、安全抓杆、挂衣钩、呼叫按钮的设置应符合现行国家标准《无障碍设计规范》(GB 50763—2012)的有关规定。

(6)多功能台和儿童安全座椅应可折叠并设有安全带;儿童安全座椅的长度宜为280 mm,宽度宜为260 mm,高度宜为500 mm,离地高度宜为400 mm。

3. 无障碍设计

无障碍设施是保障残障人士走出家门、参与社会生活的基本条件,也是方便老年人、妇女、儿童和其他社会成员的重要设施。建设无障碍环境,是物质文明和精神文明的集中体现,是社会进步的重要标志。所有公共厕所均应考虑无障碍设施的建设,应在设计和建设公共厕所的同时设计和建设无障碍设施。

公共厕所的无障碍设计应符合下列规定。

(1)女厕所的无障碍设施包括至少1个无障碍厕位和1个无障碍洗手盆;男厕所的无障碍设施包括至少1个无障碍厕位、1个无障碍小便器和1个无障碍洗手盆。

(2)厕所的入口和通道应方便乘轮椅者进入和回转,回转直径不应小于1.50 m。

(3)门应方便开启,通行净宽度不应小于800 mm。

(4)地面应防滑、不积水。

(5)无障碍厕位应设置无障碍标志。

无障碍厕位应符合下列规定。

(1)无障碍厕位应方便乘轮椅者到达和进出,尺寸宜做到2.00 m×1.50 m,不应小于1.80 m×1.00 m。

(2) 无障碍厕位的门宜向外开启,如向内开启,需在开启后厕位内留有直径不小于 1.50 m 的轮椅回转空间,门的通行净宽度不应小于 800 mm,平开门外侧应设高 900 mm 的横扶把手,在关闭的门扇内侧设高 900 mm 的关门拉手,并应采用门外可紧急开启的插销。

(3) 厕位内应设坐便器,厕位两侧距地面 700 mm 处应设长度不小于 700 mm 的水平安全抓杆,另一侧应设高 1.40 m 的垂直安全抓杆。

4. 案例分析

荷兰小岛上的古代防御性堡垒如今已失去防御作用,被用作小型公共与私人会所。RO&AD 建筑事务所受委托在此地设计公共厕所和零售信息亭。

RO&AD 建筑事务所设计的公共厕所和零售信息亭如图 3-37 所示。防御性堡垒由一圈闭合厚土墙组成,建筑师直接将新建筑建造在土墙中,并向内开放。两个卫生间的入口被分开。零售信息亭位于厕所中间,立面木板可以被支起,而顶部的玻璃天花板为建筑内部提供了良好的采光。这是恰到好处地融入环境,并具有鲜明风格的小建筑。

图 3-37　RO&AD 建筑事务所设计的公共厕所和零售信息亭

续图 3-37

三、饮水器

饮水器(见图 3-38)是在公共活动场所为人们提供饮水的设施。作为特色室外家具的一种设施,饮水器在各种广场和公园都有不断增加的趋势。公共场所直饮水设施在欧美国家已经普及,在我国它的使用和推广还存在较多的问题。

图 3-38 饮水器

饮水器的设计重点在于高度,成人饮水器高度在 80 cm 左右,儿童饮水器高度在 55 cm 左右。

四、烟灰缸

烟灰缸一般都与垃圾箱统一设计。

独立烟灰缸的设计要点如下。

(1)应能方便收取烟灰、烟头并采用耐火材料制作。

(2)烟灰缸一般分为三类:一是为行走状态下的烟民设立的烟灰缸,它的高度为 70～100 cm,以方便烟民弹放烟灰和烟头;二是为坐着状态下的烟民设立的烟灰缸,它的高度一般为 50～70 cm,这种烟灰缸可与垃圾箱、休息座椅等配套设施一同设置;三是在公共场合内开辟的专用吸烟区域内设置的烟灰缸。

第七节 公共照明设施

一、概述

随着现代城市高速发展,夜间景观成为城市环境的一个重要组成部分。人们对夜间景观照明的作用更加重视。它不仅可以提高夜间交通效率,保障夜间交通安全,还是营造高质量的现代城市夜间景观的重要手法。邦克山大公园喷泉广场夜景如图3-39、图3-40所示。

图3-39　邦克山大公园喷泉广场夜景(一)

图3-40　邦克山大公园喷泉广场夜景(二)

照明系统设施是环境设计中非常重要的内容。照明系统设施主要有道路照明设施、商业步行街照明设施、庭院照明设施、广场照明设施、配景照明设施等。

公共照明系统由高位路灯、低位路灯及景观装饰照明组成。高位路灯使整个区域环境在夜晚保持必要的亮度,保证安全。低位路灯设置在步行小径、花园植栽间,或者周围环境照明不充足的阶梯等区域。景观装饰照明主要用来强调历史性建筑、纪念碑、雕塑、喷泉、绿化带、商业街区等重要景观区,以渲染、塑造环境气氛。公共照明设施如图3-41～图3-44所示。

图3-41　庭院灯　　　　　　　　图3-42　草坪灯

图 3-43　路灯　　　　　　　　　　　　图 3-44　高杆灯

照明可分为道路照明、识别性照明、装饰照明三类。道路照明是指车行道路、人行道路的安全照明。识别性照明是指各类场所照明、广告照明、招牌照明等,可增加识别度。装饰照明是指建筑外景观、景观特写照明,可渲染景观、烘托气氛。

根据灯具的高度不同,照明方式分为低位埋设照明、低位照明、中位照明、高架照明四种,如表3-4所示。

表 3-4　照明方式的分类

照明方式	高度	主要设置场所	灯具类型
低位埋设照明	0～1m	庭院、树木、水体	地灯、草坪灯、装饰灯具
低位照明	1～4m	人行道、广告牌、各类广场	灯箱、柱式灯具
中位照明	4～12m	广场、道路	柱式灯具
高架照明	20m以上	高速公路	高杆照明、悬索照明

二、案例分析

中国香港新城市广场灯光设施如图3-45所示。它布置在中国香港新界沙田新城市广场购物中心顶楼的人造公园。该公园位于八楼,连接多栋高层住宅、酒店、写字楼和购物中心顶楼,形成跨越三栋大楼的人造景观,供休闲娱乐和人流穿行。

图 3-45　中国香港新城市广场灯光设施

　　设计师打造的一系列设施可供人流穿行其中。设计师在设计时特别注重内部的感受氛围。非传统的灯光布景仅可作为静态装饰从外部观赏。走廊入口是一片人造丛林，随意点缀着一些粉红色的垂吊花朵。灯光设施将树木环绕其中，营造出光彩熠熠的夜间热带花园氛围。紧挨着人造丛林的是一个用透明有机玻璃面板打造的迷宫。迷宫面板上雕刻着同样的花朵元素，缤纷多彩的灯光从顶部和底部照射，营造出别样的氛围。透明和反光效果相得益彰，创造出无限的几何秩序空间，配以花朵元素，呈现出无穷无尽的发光壁纸效果。该迷宫由迷宫设计师 Adrian Fisher 专为新城市广场设计。走廊尽头的氛围由迷宫一般的蓝色几何光束营造。光束漂浮于天空中，打造出一个仅由光线构成的拱形建筑物。

第八节　公共管理设施

　　公共管理设施是保证城市正常供水、供电、供气、供热等的设施，是城市的基础设施，主要包括室外消火栓、配电箱、路面井盖等。

一、室外消火栓

室外消火栓(见图3-46)是设置在建筑物外面消防给水管网上的供水设施,主要供消防车从市政给水管网或室外消防给水管网取水实施灭火,也可以直接连接水带、水枪出水灭火,是扑救火灾的重要消防设施之一。

图3-46 室外消火栓

室外消火栓的布置应符合以下规定。

(1)室外消火栓要沿着道路布置。当道路的宽度大于60.0 m时,要在道路的两边在靠近十字路口处设置室外消火栓。

(2)甲、乙、丙类液体储罐区和液化石油气储罐区的室外消火栓应设置在防火堤或防护墙之外。距离罐壁15 m范围内的室外消火栓,不应计算在该罐可使用的数量内。

(3)室外消火栓的间距不应大于120.0 m。

(4)室外消火栓的保护半径不应大于150.0 m;在市政消火栓保护半径150 m以内,当室外消防用水量小于或等于15 L/s时,可不设置室外消火栓。

(5)室外消火栓距路边不应大于2.0 m,距房屋外墙不宜小于5.0 m。

(6)工艺装置区内的室外消火栓应设置在工艺装置的周围,且间距不宜大于60.0 m。当工艺装置区宽度大于120.0 m时,宜在该装置区内的道路边设置室外消火栓。

(7)建筑的室外消火栓、阀门、消防水泵接合器等的设置地点应设置相应的永久性固定标识。

二、路面井盖

路面井盖是指在道路及公共场所设置的供水、排(污)水、燃气、电力、通信、供热、有线电视、交通信号等各类地下管线的井盖、井框、井圈等设施。

在城市道路和公共场所设置路面井盖时,路面井盖应当符合相关产品标准和交通荷载标准,并与地面保持平顺,与周围环境相呼应。武汉"汉水的城市徽章"系列井盖(见图3-47)由球墨铸铁、铜等材质铸造,使用年限为20~50年。井盖表面图案分为彩色版和铜质版,彩色版井盖主要应用于人行道及非机动车道,铜质版井盖主要应用于机动车道。根据图案中的地标建筑,配套安装在对应的地标建筑所在区域。每一个井盖的表面,均设计了一个二维码,通过手机扫描后,可看到图案中对应地标建筑的人文故事,以及地下供水设施情况、供水服务信息等。武汉"汉水的城市徽章"系列井盖既美化了城市道路,又宣传了城市文化,同时也服务了民生。

图 3-47 "汉水的城市徽章"系列井盖(设计:武汉大学城市设计学院设计团队)

日本街道的路面井盖(见图 3-48)根据地域位置和街道主题的不同,呈现出不同的主题,给人留下深刻的城市印象。

图 3-48 日本街道的路面井盖

三、树池箅

树池箅(见图 3-49)主要用于街道两旁的树池内,起到防止水土流失、美化环境的作用。树池箅要与人行道地面平齐,以消除路人行走时被绊倒的安全隐患。在设计树池箅时,设计师应注重其艺术性,借以提升城市的文化品位。

图 3-49　树池箅

第九节　公共配景设施

公共配景设施是指在城市公共环境中起到美化环境作用的各种城市公共设施。公共配景设施包括水景、地景、绿色植物、公共雕塑等，是现代城市不可或缺的组成元素。它不仅可以满足人们的审美需求和精神追求，而且可以提升一个城市的文化底蕴和人文精神，还可以成为城市的符号和标志。

一、绿景

1. 概述

绿景如图 3-50 所示。植物是自然界最具生命力的物质之一。绿化是指以各类植物构成空间景观环境，是体现城市环境生命力的重要因素。树池、盆景、花坛、绿地等都具有绿化设施特征。

图 3-50　绿景

绿景配置原则有三个。一是适地适树原则：树为景生，景随树美，步移景异。二是季相变化原则：植物造景应注意季相变化,形成春花烂漫、夏荫浓郁、秋色绚丽、冬景苍翠的四季景观。三是比例恰当原则:树木配置比例应恰当,使创造出的植物景观不仅绿意盎然,而且色彩丰富。配置树木时,应较多地运用花灌木,这样既能绿化,又能美化、香化、彩化;应以乡土树种为主,形成四季常绿、季相丰富的景观效果。

在城市环境中,花坛是公园、广场、道路中不可缺少的景观元素。它不仅能够维护花木,起到点缀景观的作用,还能突出环境意向。

花坛可以布置在多种环境中。花坛有多种分类方法。按平面形状或造型分类,花坛可分为桶形、碗形、方形、三角形、星形、树形、带形等几何形花坛(见图3-51)和自由形花坛两类。按布局分类,花坛可分为点式花坛、线式花坛和组团式花坛。按使用材料分类,花坛可分为瓷砖贴面花坛、花岗岩贴面花坛等。

图 3-51 几何形花坛

2. 案例分析

Urbscapes城市景观设计公司设计的艾哈迈达巴德社区月相景观如图3-52所示。设计师把月相作为该设计的设计理念。设计灵感来自在月亏月盈的过程中月亮的一系列形象,设计师以此为基础进行景观设计。

图 3-52 艾哈迈达巴德社区月相景观

二、地面铺装

1. 概述

地面铺装是指为了便于人的交通和活动而铺设的地面,具有耐损防滑、防尘排水等性能,并以具有导向性和装饰性的地面景观服务于整体环境。

2. 案例分析

塞维利亚音乐公园以一条南北走向的大道为基础进行布局，大道呈缓坡状，与车站具有相同的地面标高。其他的横向交通流线将这条大道与周围的街道和广场连接起来。地面铺设主要使用了瓷砖、石灰石和花岗岩等材料，地面铺装成几何图案，公园内不同的区域具有相同的地面图案，形成了统一的风格。地面图案的设计灵感来自塞维利亚王宫人偶中庭中的地砖铺装。

塞维利亚音乐公园地面铺装如图3-53所示。

图3-53　塞维利亚音乐公园地面铺装

三、水景

1. 概述

水作为人与自然的纽带，是城市环境中必不可少的要素，也是城市生活中富有生机的内容。流水、静水、喷水、跌水，以及随之而来的人们的欢快心情，这一切都是城市景观和环境设施设计中极有魅力的主题。这些主题和人的想象是通过喷泉、瀑布、水池等具体景观设施来实现的。水景如图3-54所示。

1) 喷泉

喷涌是指水体由下向上喷薄而出的一种水态，也是地下

图3-54　水景（设计：大连雅森园林景观设计工程有限公司）

泉水向上喷的一种自然形态。喷泉如图3-55所示。经过长期以来的研究发展,喷泉的喷头在不断地改进。目前,喷泉的喷头以蒲公英形、扇形、半球形为典型代表,演绎出水体喷涌形态的千变万化。在城市环境中,喷泉主要以人工喷泉的形式出现。喷泉除了在城市广场、公园、街道、庭园等起到装饰作用,还以其立体和动态的形象在这些环境中成为引人注目的地标和轴心点。它所创造的丰富寓意是烘托和调节整体氛围的要素。另外,喷泉还有比较强的输氧功能,可以促进水体的净化和空气的清洁,提高环境的生态质量。

喷泉、瀑布、水池本来就是一个整体,这是喷泉常见的结合方式。另外,在城市环境中,喷泉与铺地相结合,以旱喷泉的形式普遍应用于城市商业步行街中心广场中。喷泉还可以和许多环境设施相结合,如与雕塑、阶梯、计时装置、灯柱等相结合。随着喷泉的广泛应用,水幕电影技术也得到全面的发展。有些国家和地区把动态雕塑等现代艺术和光电技术运用于喷泉设计中,引起人们的兴趣和好奇心。

2)瀑布

瀑布属于动态水体,分为天然瀑布和人工瀑布(见图3-56)两种。人工瀑布是指以天然瀑布为基础,通过工程手段修建成的落水景观。人工瀑布形态各异,按其跌落形式分为滑落式、阶梯式、幕布式、丝带式。为了确保瀑布沿墙体、山体平稳滑落,应对落水口处山石做卷边处理,或对墙面做坡面处理。瀑布因水量不同,会产生不同的视觉、听觉效果,因此落水口的水流量和落水高差是设计的关键参数,居住区内的人工瀑布落水高差宜在1 m以下。跌水是呈阶梯式的多级跌落瀑布,它的梯级宽高比宜在1:1~3:2范围内,梯面宽度宜在0.3~1.0 m范围内。

图3-55 喷泉

图3-56 人工瀑布

3)水池

在城市景观中,水池是水景设计中常用的组景方法,是城市空间普遍采用的静态水景形式。水池按照功能可以分为池塘、观赏水池(见图3-57)、养鱼池、涉水池(见图3-58)等。

图3-57 观赏水池

图3-58 涉水池

水池的形式按照水景中的平面构成要素可分为点式、面式和线式三种。不管水池的形式如何，设计时首先应考虑对水池的基本功能要求，如用于嬉水，要保证安全性，水深应控制在 30 cm 以下，并对池底做防滑处理，配置相应的设施和器具。然后要考虑水池的防渗、防冻和结构问题。如果有池底设备，还需要处理好池底的各种管线的进出、连接关系。

2. 案例分析

西武池袋（Seibu Ikebukuro）百货商店总店的屋顶花园景观（见图 3-59）由日本大地景观事务所（Earthscape 事务所）设计。设计灵感来自 19 世纪法国印象派画家莫奈的绘画，旨在营造出梦幻般的田园景观，使人在自然的环境中完全放松。景观设计中主要用到两个水景，一个是圆形浅池，另一个是天然池塘。圆形浅池是屋顶花园的核心景观，相当于一个大圆桌，人们可以在"桌"边休闲、吃喝。地面铺装采用蓝色瓷砖，色调深浅不一，影射了莫奈绘画的笔触。圆形浅池的木板平台上设置了各种桌椅，可供用餐者使用。圆形浅池边还设有遮阳伞，遮阳伞白天用于遮挡阳光，夜晚用于照明。天然池塘有人工打造的痕迹，位于屋顶北部，再现了大自然的风韵。

图 3-59　西武池袋百货商店总店的屋顶花园景观

四、雕塑

1. 概述

雕塑（见图3-60、图3-61）作为一种城市公共设施，体现出一个城市在文化层面的追求，反映着城市的精神风貌。随着我国社会经济的快速发展，人们在审美情趣上日趋多元化，雕塑作为城市景观的一部分，也经历着快速的完善与成熟。

图3-60　雕塑（设计：大连泛超空间雕塑工程有限公司）

图3-61　雕塑

2. 案例分析

美国西雅图设计师丹·科森（Dan Corson）设计的雕塑《变换地貌》（Shifting Topographies）如图3-62所示。他的设计灵感来自奥克兰起伏的山脉形成的变幻的图形与色彩（从绿色到金色），更为宏观的灵感来自旧金山湾的波纹（灰色—蓝色—绿色）。该雕塑采用高密度泼墨材料制成，其表面用一种硬度很高、极其坚固的材料做了一层覆层。

图3-62　《变换地貌》雕塑作品

第十节　无障碍设施

无障碍设计源自19世纪中叶社会对于人道主义的呼唤。它的出发点建立在使用者都能够公平使用的基础上,宗旨是消除城市环境中的障碍,为残障人士和能力丧失者提供和创造便利行动及安全舒适的生活,创造一个平等和谐的社会环境。无障碍设计的这种观念很快得到了欧美发达国家的认同与支持,并在世界各国得到广泛的推广和发展。无障碍设施如图3-63所示。

图3-63　无障碍设施

一、国际通用无障碍设计标准

(1)在一切公共建筑的入口设置取代台阶的坡道,且坡道的坡度应不大于1∶12。
(2)在盲人经常出入处设置盲道,在十字路口设置利于盲人辨向的音响设施。
(3)门的净空廊宽度要在0.8 m以上,采用旋转门的需另设残障人士入口。
(4)所有建筑物走廊的净空宽度应在1.3 m以上。
(5)公共厕所应设有带扶手的坐便器,门隔断应做成外开式或推拉式,以保证内部空间便于轮椅进入。
(6)电梯的入口净宽应在0.8 m以上。

二、我国通用无障碍设计标准

2012年9月1日,《无障碍设计规范》(GB 50763—2012)在全国范围内开始实施。该规范共有9章和

3个附录,主要技术内容有总则,术语,无障碍设施的设计要求,城市道路,城市广场,城市绿地,居住区、居住建筑,公共建筑,历史文物保护建筑无障碍建设与改造。

无障碍设施的设计要求如下。

1. 缘石坡道

缘石坡道是指位于人行道口或人行横道两端,为了避免人行道路缘石带来的通行障碍,方便行人进入人行道的一种坡道。

(1)缘石坡道应符合下列规定。

① 缘石坡道的坡面应平整、防滑。

② 缘石坡道的坡口与车行道之间宜没有高差;当有高差时,缘石坡道的坡口不应高出车行道的地面10 mm。

③ 宜优先选用全宽式单面坡缘石坡道。

(2)缘石坡道的坡度应符合下列规定。

① 全宽式单面坡缘石坡道的坡度不应大于1∶20。

② 三面坡缘石坡道正面及侧面的坡度不应大于1∶12。

③ 其他形式的缘石坡道的坡度均不应大于1∶12。

(3)缘石坡道的宽度应符合下列规定。

① 全宽式单面坡缘石坡道的宽度应与人行道的宽度相同。

② 三面坡缘石坡道的正面坡道宽度不应小于1.20 m。

③ 其他形式的缘石坡道的坡口宽度均不应小于1.50 m。

2. 盲道

盲道是指在人行道上或其他场所铺设一种固定形态的地面砖,使视觉障碍者产生盲杖触觉及脚感,引导视觉障碍者向前行走和辨别方向以到达目的地的通道。盲道一般由两类砖铺就。一类是条形引导砖,可引导盲人放心前行。用此类砖铺就的盲道称为行进盲道。另一类是带有圆点的提示砖,可提示盲人前面有障碍、该转弯了。用此类砖铺就的盲道称为提示盲道。

(1)盲道应符合下列规定。

① 盲道按其使用功能可分为行进盲道和提示盲道。

② 盲道的纹路应凸出路面4 mm。

③ 盲道铺设应连续,应避开树木(穴)、电线杆、拉线等障碍物,其他设施不得占用盲道。

④ 盲道的颜色宜与相邻的人行道铺面的颜色形成对比,并与周围景观相协调,宜采用中黄色。

⑤ 盲道型材表面应防滑。

(2)行进盲道应符合下列规定。

① 行进盲道应与人行道的走向一致。

② 行进盲道的宽度宜为250～500 mm。

③ 行进盲道宜在距围墙、花台、绿化带250～500 mm处设置。

④ 行进盲道宜在距树池边缘250～500 mm处设置;当无树池,且行进盲道与路缘石上沿在同一水平面时,行进盲道距路缘石不应小于500 mm;当无树池,且行进盲道比路缘石上沿低时,行进盲道距路缘石不应小于250 mm;行进盲道应避开非机动车停放的位置。

⑤ 行进盲道的触感条规格应符合表3-5的规定。

表3-5 行进盲道的触感条规格

参　　数	尺寸要求/mm
面宽	25
底宽	35
高度	4
中心距	62～75

(3) 提示盲道应符合下列规定。

① 行进盲道在起点、终点、转弯处及其他有需要处应设提示盲道,当盲道的宽度不大于300 mm时,提示盲道的宽度应大于行进盲道的宽度。

② 提示盲道的触感圆点规格应符合表3-6的规定。

表3-6 提示盲道的触感圆点规格

参　　数	尺寸要求/mm
表面直径	25
底面直径	35
圆点高度	4
圆点中心距	50

3. 无障碍出入口

无障碍出入口是指在坡度、宽度、高度上以及地面材质、扶手形式等方面方便行动障碍者通行的出入口。

(1) 无障碍出入口包括以下几种类别。

① 平坡出入口。

② 同时设置台阶和轮椅坡道的出入口。

③ 同时设置台阶和升降平台的出入口。

(2) 无障碍出入口应符合下列规定。

① 出入口的地面应平整、防滑。

② 室外地面滤水箅子的孔洞宽度不应大于15 mm。

③ 同时设置台阶和升降平台的出入口宜只应用于受场地限制无法改造坡道的工程,并应符合升降平台的有关规定。

④ 除平坡出入口外,在门完全开启的状态下,建筑物无障碍出入口的平台的净深度不应小于1.50 m。

⑤ 建筑物无障碍出入口的门厅、过厅如设置两道门,门扇同时开启时两道门的间距不应小于1.50 m。

⑥ 建筑物无障碍出入口的上方应设置雨棚。

(3) 无障碍出入口的轮椅坡道及平坡出入口的坡度应符合下列规定。

① 平坡出入口的地面坡度不应大于1∶20,当场地条件比较好时,不宜大于1∶30。

② 同时设置台阶和轮椅坡道的出入口,轮椅坡道的坡度应符合轮椅坡道的有关规定。

4. 轮椅坡道

轮椅坡道是指在坡度、宽度、高度、地面材质、扶手形式等方面方便乘轮椅者通行的坡道。

轮椅坡道应符合下列规定。

(1) 轮椅坡道宜设计成直线形、直角形或折返形。

(2) 轮椅坡道的净宽度不应小于 1.00 m，无障碍出入口的轮椅坡道净宽度不应小于 1.20 m。

(3) 轮椅坡道的高度超过 300 mm 且坡度大于 1∶20 时，应在两侧设置扶手，坡道与休息平台的扶手应保持连贯，扶手应符合扶手的相关规定。

(4) 轮椅坡道的最大高度和水平长度应符合表 3-7 的规定。

表 3-7　轮椅坡道的最大高度和水平长度

坡　度	1∶20	1∶16	1∶12	1∶10	1∶8
最大高度 /m	1.20	0.90	0.75	0.60	0.30
水平长度 /m	24.00	14.40	9.00	6.00	2.40

三、案例分析

通瓦公园与肯根泽广场由纽约菲尔德景观设计事务所设计。它们的坡道和阶梯(见图 3-64)采用无障碍设计，不论人年龄和身体状况如何，都能使用。

图 3-64　纽约菲尔德景观设计事务所设计的无障碍设施

● 实训任务

无障碍公共卫生间设计

1. 用 A3 图纸绘制草图及平面图、立面图、效果图(可附加环境背景)。

2. 编写设计说明，字数要求为 100～200 字。

第四章 城市公共设施的设计原则、方法和程序

知识目标

掌握公共设施的设计原则、公共设施设计的方法和公共设施设计的基本程序。

能力目标

1. 能根据环境要求，系统地规划空间，合理进行公共设施设计。
2. 能运用多种设计手法进行公共设施设计。
3. 能挖掘公共设施造型设计的创意来源，并进行合理表达。
4. 掌握细部构造设计与绘制施工图，以及各种分析图、效果图、立面图、剖面图的设计制作规范，学习设计方法与表现技能。
5. 掌握实地勘察要点与项目条件分析能力。

素养目标

1. 培养一丝不苟、精益求精的工作精神。
2. 培养"设计为民""低碳环保""传承文化"的设计观。
3. 善于运用新材料和新技术创新设计公共设施。

第一节　城市公共设施的设计原则

一、易用性原则

易用性(usability)通常用于评价(产品)是否好用或有多么好用。它是设计城市公共设施时必须考虑的原则性问题。例如公共汽车上的拉手,设计时设计师要考虑使用人群的身高和方便乘客使用。拉手设计效果图如图4-1所示,拉手设计示意图如图4-2所示。

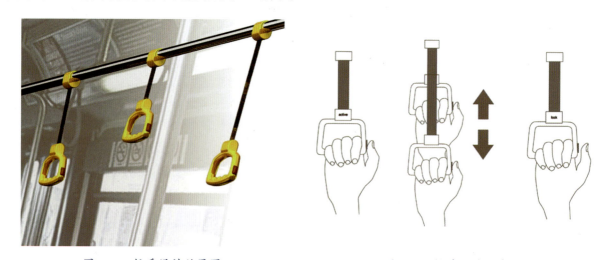

图 4-1　拉手设计效果图　　　　　　图 4-2　拉手设计示意图

二、安全性原则

设计师在设计城市公共设施时应考虑到其材料、结构、工艺和形态的安全性,在设计之初便尽量避免安全隐患。设计师在进行城市公共设施设计时就应该预想到城市公共设施的使用者在使用时可能会出现哪些状况,进而根据推断做出预防。尤其是在对儿童、老人、孕妇等弱势群体使用的城市公共设施进行设计时,设计师要更加注意其安全性。例如,当设计儿童用城市公共设施时,设计师要意识到儿童活泼好动,特别是在他们嬉闹玩耍时可能不顾后果,不仅要根据常规儿童的人体尺寸进行设计,还要考虑到设施的材料、结构、工艺和形态是否能够保证儿童的安全。

三、系统化原则

系统化是配套性、标准化的灵活应变体系。系统化设计表现在两个方面。一方面,城市公共设施的设计必须运用整体的观念,其形态、颜色、材质和尺寸等设计要素要与特定空间环境相融合,增加环境的可识别性和整体统一性。另外,城市公共设施生产方式的系统优化能降低设计的成本;城市公共设施的零部件、结构的标准化生产,方便了后期的维修,降低了生产成本,同时促进了城市公共设施的多样组合和变化。另一方面,城市公共设施的整体系统性是城市系统规划的一部分,城市公共设施设计与整个城市的系统规划同步,城市公共设施建设是城市整体建设中的一部分。

城市公共设施的系统化设计如图4-3所示。

图 4-3 城市公共设施的系统化设计

四、独特性原则

城市公共设施设计是环境设计的延续。为了突出环境设计的特征,城市公共设施往往采用专项设计、小批量生产。在设计中,人与环境的因素已经摆在了突出、重要的位置来予以考虑。随着加工工艺与生产技术的进步,早期工业设计的大批量生产方式转变为今天的人性化、个性化的小批量生产方式。巴西电信运营商VIVO组织过一场名为"Call Parade"的公用电话亭涂鸦艺术行动。该行动集结了100名巴西艺术家和涂鸦爱好者对圣保罗街头的100处公用电话亭进行重新粉刷。这100名巴西艺术家和涂鸦爱好者用他们的创意和画笔,在公用电话亭上绘制了风格各异的图案,使得每一个公用电话亭都各有其特色。要想使城市公共设施具有独特性,设计师在设计时要考虑设施所在地区的地域文化特征、环境背景以及城市的规模和历史。这些都是不可复制的要素,也正是这些城市不同的特色要素构建了城市公共设施设计的独特性。

Call Parade 公用电话亭涂鸦艺术行动成果如图 4-4 所示。

图 4-4 Call Parade 公用电话亭涂鸦艺术行动成果

五、公平性原则

公平性原则在设计中被表述为普适原则或广泛设计原则,在我国则较多地被表述为无障碍设计原则。公平性原则是赋予每一个人尤其是弱势群体享有使用城市公共设施的权利。对于城市公共设施而言,公平性更显重要。

城市公共设施设计和建设的初衷就是为大众服务。无论是在功能上还是在形式上,是否能够体现出最大的公平性是城市公共设施设计成败的关键之一。

六、人文与地域性原则

1. 概述

苏联学者卡冈认为:"文化是人类活动的各种方式和产品的总和,包括物质生产、精神生产和艺术生产的范围,即包括社会的人的能动性形式的全部丰富性。"文化融汇在人们的思想意识中,具有一定的地域性和时代性。

设计师应通过研究心理学和人类设计学,了解人们的不同需求,挖掘城市的文化内涵,设计出符合城市特点的公共设施。

2. 案例分析

小天堂(Littlehaven Promenade and Seawall)是英国英格兰东北部港口城市南希尔兹海滨新建的滨海区兼防波堤。设计小天堂时,设计师采用了高品质的混凝土材料、定制的公共艺术装置以及令人惊叹的街景元素,确保小天堂能够吸引公众的注意力,并激发人们的想象力。小天堂主要的设计特色包括滨海区新设置的名为"眼"与"帆"的雕塑艺术品、特色座椅和一流的照明等。

小天堂的设计目标是凸显滨海环境原有的特色——泰恩河河口处的空间开阔、粗犷,靠近市中心一侧的空间宁静、私密、宜人。设计师充分考虑了该地独特的地理位置(泰恩河与北海交汇处),用隐喻和叙事的手法借鉴了海员出海的号子和当地的民歌。诺森伯兰郡有一首传统民谣,叫作《风向南吹》,讲述的是一个女人绝望地企盼南风把她的恋人从遥远的海洋那边带回她的身边。设计师将其中的几句歌词写在名为"眼"雕塑的"瞳孔"周围。新建的防波堤上还刻上了艺术图案和小天堂的标识,入口装置借鉴了传统的平底渔船造型,以期把人们吸引到海滩附近,再进一步吸引到滨海区。

设计师还特别强调了海滩处于泰恩河河口的位置,在入口处的帆船装置、"眼"雕塑和弓形墙等特色元素上都设计了"舷窗"镂空,人们通过这些"舷窗"可以眺望海港风景,从不同的角度取景,妙趣横生。对于定制座椅,设计师也借鉴了海洋元素,定制座椅造型的灵感来自海洋硅藻。

小天堂公共设施如图4-5所示。

图4-5 小天堂公共设施

续图 4-5

七、艺术性原则与形式美法则

1. 艺术性原则

艺术性原则是产品设计另一个必不可少的原则，艺术性是通过调动造型、色彩、材料、工艺、装饰、图案等审美因素，进行构思创意、优化方案实现的。城市公共设施的创意与视觉意象直接影响着城市整体空间的规划品质。城市公共设施虽然大多体量不大，却与公众的生活息息相关，与城市的景观密不可分并忠实地反映了一个城市的经济发展水平和文化水准。从街区、局部地域、整体环境的角度来对各种城市公共设施的设计进行探索，将有助于设计师构建一个融都市特征、文化品味、便利性和装饰性等综合元素于一体的优美环境。

2. 案例分析

筑博设计在深圳推出的"无界之厕"思考公共卫生间如何融入本地环境。无界之厕使用镜面不锈钢材料，外观随着光线的更替、四时的变化呈现出不同的景象。这个公共卫生间以近乎隐形的方式潜藏在四周的自然环境当中，整体外观遵循了类似街心公园的设计理念，增加了穿行使用的小径与休憩座椅，淡化了公共卫生间在公共文化中的"禁忌感"，如图 4-6 所示。

3. 形式美法则

艺术性的城市公共设施设计，需要用形式美的法则加以指导。形式美法则是创造视觉美感，指导一切创造性设计活动的规则。随着时代的发展，设计师只有灵活运用形式美法则，把握城市公共设施个体的形态结构与整体空间环境的主从、对比关系等，使城市公共设施具有良好的比例和尺度、节奏和韵律，并充分考虑到材质、色彩的美感，结合施工过程中的各种技术要求，才能创造出造型新颖、内容健康、具有艺术美感的城市公共设施作品。

图 4-6 消隐在树林的无边界公厕

1) 对比与统一

对比是指把两个反差大的要素结合到一起。它可以使主题特点突出、个性鲜明。统一是指在两种或两种以上要素中寻找一种协调的因素,从而获取一种整体的效果。对比与统一相得益彰,缺一不可。因此,在设计城市公共设施时,设计师需要考虑整体的协调统一和适度的对比变化。

2) 对称与均衡

对称符合人的审美习惯,给人以美的感受。对称给人一种自然、和谐、协调的美感,使人感觉舒服、稳重。但完全、绝对的对称会让人产生单调、枯燥、乏味、僵硬、死板、教条的感觉。均衡在材料、结构、大小等方面让人产生一种平衡的感觉,均衡相比对称更体现出一种动态的美。设计师在城市公共设施设计中使用这两种美的规律,在一个整体对称的风格中局部加入不对称因素,会产生一种均衡的动态美,达到令人意想不到的效果。

3) 节奏与韵律

节奏是指同一要素连续重复所产生的运动感。例如,同样的结构变化或材料的变化反复出现,产生一种类似音乐的美好感官体验。韵律是指元素有节奏地反复变化而出现连续的起伏变化,它让人产生一种井然有序、有规律的感觉。设计师可以将节奏与韵律这一形式美法则运用到城市公共设施设计中,它们可以用来提高设计产品的质量,并给使用者带来美好的感官体验。例如西班牙马德里某医院游乐场,设计师对颜色各异、大小不同的圆形图案进行平面布局,设计不仅大胆活泼,而且使整个空间形成了一定的动感与韵律,如图 4-7 所示。

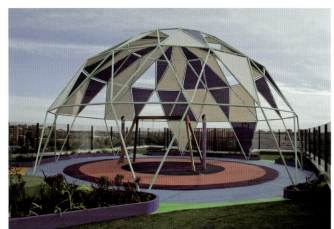

图 4-7　西班牙马德里某医院游乐场

4）比例与尺度

比例与尺度是与数学相关的构成物体完美和谐的数理美感的规律。所有造型艺术都有二维或三维的比例与尺度的量度,物体的大小、美或不美的形状都是通过量度的大小构成的。设施各方向量度之间的关系,以及设施局部与整体之间形式美的关系称为比例。设施与人体、设施与建筑空间、设施整体与部件、设施部件与部件等所形成的特定的尺寸关系称为尺度。良好的比例与正确的尺度是城市公共设施在造型上达到完美和谐的基本条件。

八、合理性原则

城市公共设施设计的合理性原则主要表现在功能适度与材料合理两个方面。例如,设计公共座椅时,设计师不仅要在公共座椅满足基本的坐的功能的基础上,考虑公共座椅所处室外环境,还要在材料的选择上考虑坚固耐用的特点。另外,城市公共设施设计要注重实用性。

九、绿色设计的三原则

绿色设计的三原则简称 3R，即减少（reduce）、再利用（reuse）、再循环（recycle），现已广泛地应用于绝大多数设计领域。它要求设计师在材料选择、结构设计、生产制造、使用与废弃处理等各个环节通盘考虑节约资源与保护环境。

第二节　城市公共设施的设计方法

城市公共设施设计属于工业设计的范畴，因此适用于一般工业设计的方法，如模拟与仿生法、联想创意法、组合创意法、模块化设计法、对比择优法、生态设计法、趣味化设计法等，均可作为城市公共设施的设计方法。

一、模拟与仿生法

1. 模拟法

1）概述

模拟是指较为直接地模仿自然形象或通过具象的事物形象来寄寓、暗示、折射某种思想感情。这种情感的形成需要通过联想这一心理过程，来获得由一种事物到另一事物的思维的推移与呼应。模拟具有再现自然的意义，在城市公共设施设计实践中，具有这种特征的城市公共设施造型往往会引起人们美好的回忆与联想。模拟丰富了城市公共设施的艺术特色与思想寓意。

2）案例分析

美国一家建筑事务所设计的人形电缆塔如图 4-8 所示。它打破了传统的外观设计模式，大胆地采用了拟人化结构造型，并与周围环境遥相呼应：如地势升高，电缆塔则是爬山的姿势；如地势平缓，电缆塔则采用走路的姿势。而且，并排的两个电缆塔就如同两个人站在一起，或对视，或言谈，或擦肩而过，生动有趣。丰富多彩的样式巧妙地与自然环境融为一体，在为城市增添了一道亮丽风景的同时，也显示出人类奇思妙想的创意。

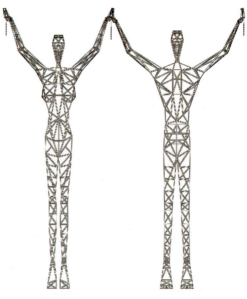

图 4-8　人形电缆塔

2. 仿生法

仿生法是建立在仿生学基础上的一种从生物界捕捉思维灵感的技法。仿生设计是指通过研究自然界生物系统的优异形态、功能、结构、色彩等原理和特征，有选择性地在设计过程中应用这些原理和特征进行设计，如图 4-9 所示。

仿生设计的过程是生物体—仿生创造思维—新产品、新设计。

仿生物形态设计如图 4-10 所示。这个安装在草坪上的圆形公共家具直径为 30 m，以根系蔓延的形态布满了整个公园。富有韵律的造型为公园带来了全新的刺激感和多样的乐趣。参观者在休息空间中交流的同时，既舒适又能享受艺术作品。它同时还可以完美地作为三个不同高度的家具：儿童座椅 (250 mm)、成人椅 (450 mm) 和桌子 (750 mm)。

图 4-9　仿生设计示例

图 4-10　仿生物形态设计

二、联想创意法

联想创意法是指通过从某一事物联想到另一事物的心理现象来产生创意。例如，第四届"为坐而设计"大奖赛的金奖作品——模数（见图 4-11），之所以能获金奖是因为长条凳是中国人集体的回忆，此作品容易引起人们情感上的共鸣。此作品采用的材料是防腐木，是通过对长条凳进行重新组合而构成的，具有使用灵活的特点。

图 4-11　模数（设计：侯晓晖）

三、组合创意法

城市公共设施不仅可以满足单一的使用功能，还可以同时将几种使用功能融于一体。将多种使用功能融于一体的设计手法称为组合创意法，通常也称为多功能设计法。运用组合创意法进行城市公共设施设计，不仅能够有效地实现设施的功能，降低建设成本，发挥设计的综合效益，还可以增强设施的美感，塑造完美的城市公共空间。组合创意法运用示例如图 4-12 所示。

图 4-12　组合创意法运用示例

四、模块化设计法

模块化设计是指在对一定范围内的不同功能或虽功能相同但性能、规格不同的产品进行功能分析的基础上,创建并设计出一系列功能模块,通过模块的选择和组合构成不同的产品,以满足市场不同需求的设计方法,如图 4-13 所示。模块化设计的意义在于在更好地满足用户需要的同时,可以节约材料,减少环境污染,实现产品的循环利用。模块化设计法的特点是面向产品系统,模块化设计是一种标准化、组合化设计。

图 4-13　模块化设计

五、对比择优法

选择是通过对客观事物的比较而产生的。这种对比择优的思维方法有利于帮助人们选出优秀的事物,对比择优成为人判断客观事物优劣的基本思维过程。

随椅是以低碳环保为中心主题设计的一套适用于室外公共空间的座椅。设计师在设计过程中首先想到了形态，用学校重建过程中废弃的木块随意搭建，做出不同的造型。随椅没有现代家具的华丽，但是多了一份趣味、自然。随椅的对比择优设计过程如图4-14所示。

图4-14 随椅的对比择优设计过程

六、生态设计法

1. 概述

绿色环保是一个世界性的主题。一个城市的绿色水平取决于该城市对绿色设计3R原则的执行力。绿色设计3R原则中的三个R分别是reduce(减少)、reuse(再利用)和recycle(再循环)。它所追求的目标是用最少量的资源换取最优的经济发展利益，从而实现绿色循环经济。其中减少就是减量化原则，是指设计师应在城市公共设施设计中精简设计结构，减少有害材料的使用，减少加工工艺，利用较少的材料实现既定的公众需求,采取减少对周围植被的破坏等措施。再利用是指设计师在设计之初就要考虑到,设施应能够以最初的产品形式被重复使用,延长其使用寿命。再循环是指当城市公共设施完成了它的使用功能之后,仍能再次变成可利用资源,以避免生产资料的浪费和废弃设施对环境造成污染。

2. 案例分析

生态环保设计需要从可持续发展和低碳生活的角度出发。飞利浦公司设计的一款创新的概念街灯,名为绽放之光(Light Blossom,见图4-15)。该款街灯采用的是生态学的街灯柱,有阳光照射的时候,这款街灯会宛如花朵般"绽放",其"花瓣"缓慢地张开,收集太阳能,并模拟向日葵的行为去朝向太阳以利于获取能量。当微风吹拂的时候,它的"花瓣"会往上收缩,借由风力,慢慢旋转,产生能量。到了夜晚,整盏灯逐渐收缩成花苞,花苞里的LED灯散发出适当强度的光线,避免造成光污染,人们经过时,光线会自动投往人们所在的地方。

图4-15 绽放之光

七、趣味化设计法

在满足基本功能的基础上,增强趣味化设计,能够很好地提升产品的娱乐性,增进产品与人的互动。趣味化设计示例如图4-16所示。

图4-16 趣味化设计示例

第三节　城市公共设施设计的基本程序

城市公共设施设计的过程是将思维的虚体想象在现实生活中实现的过程,是将设计各要素进行衡量、组织的过程。在此过程中,要解决各方面的矛盾,有着许多程序。因此,合理的设计流程是保证设计质量的前提,是城市公共设施得以成功实现的一个重要保证。

一、设计的基本流程

城市公共设施设计的基本流程一般可分为设计立项(目标、计划)阶段、方案设计阶段、设计扩初(技术、模型)阶段、施工图设计阶段、设计实施阶段、设计评价与管理阶段共六个阶段。

1. 设计立项(目标、计划)阶段

在城市公共设施的设计立项(目标、计划)阶段,设计师首先要明确设计任务,了解并掌握城市公共设施的计划和目标、用户的需求和特性,考虑预算和资金投入、使用特点、主题风格等,对现场环境进行实地勘察,了解空间环境的性质、设计规模、功能特点、等级标准及设计期限。

其次,设计师要进行资料收集,并做设计分析和可行性调研,如收集与设计相关的资料和信息,并发放市场调研书,研究使用者的功能需求、精神需求、心理需求等。另外,设计师还要研究设计委托任务书、相关条件及法律法规等材料。

最后,设计师要制定设计进度表,将设计全过程的内容、时间、操作程序制成图表,并列明具体设计阶段的目标与计划。

制定设计进度表时,设计师应注意以下几个要点。

(1)明确设计内容,掌握设计目的。
(2)明确该设计过程中所需的每个环节。
(3)弄清每个环节工作的目的及手段。
(4)理解环节之间的相互关系及各环节的作用。
(5)充分估计每一环节工作所需的实际时间。
(6)认识整个设计过程的要点和难点。

2. 方案设计阶段

在方案设计阶段,设计师在前期工作成果的基础上进一步对相关资料进行综合分析、交流,进行设计构思与方案比较、完善、表现。方案设计阶段是城市公共设施设计的关键阶段。在此阶段,设计师应从空间环境现状和人的生理、心理等因素入手展开构想,对城市公共设施的造型布局、空间和变通关系、表现形式、艺术效果等进行目标定位、技术定位、人机界面定位、预算定位等,进行多方面比较,确定最佳设计方案,并用设计说明、平面图、立面图、剖面图、效果图等设计文件将设计交代清楚。

3. 设计扩初(技术、模型)阶段

城市公共设施的设计扩初(技术、模型)阶段是扩大初步方案设计的具体化阶段,也是各种相关技术问题,如管线、水电等问题的定案阶段。在城市公共设施的设计扩初(技术、模型)阶段,设计师要确定整体环境和个体环境设施的具体做法,对各单元的尺寸进行设定,确定用色、用材配置,合理解决各技术工种之间的矛盾,编制设计预决算等,并用图纸、表格、模型等手段来表达设计意图,确定最终的设计定案。

4. 施工图设计阶段

城市公共设施设计经过设计立项、方案设计、扩初设计、设计表现等过程确定最终设计方案。在正式施工前，设计师需在技术的基础上，补充、修改施工所需的平面图、立面图、剖面图、节点详图、细部大样图、设备结构图等专业图纸，并编制施工设计说明和文件。

5. 设计实施阶段

设计实施阶段又称为工程施工阶段。在这个阶段，设计师的设计工作虽然已经基本完成，但是为了使设计的意图、效果能更好地实现，在施工之前，设计师应及时向施工单位、工人进行图纸的技术交底，介绍设计意图，解释设计说明。在施工过程中，设计师仍然要定期到施工现场与施工工人进行交流，按照设计图纸进行核对，根据施工现场实际情况对设计图纸进行局部修改或补充，并处理好与各专业工种发生的矛盾，帮助业主订货选样、选型。施工结束后，设计师应协同质检部门和监理单位进行工程质量验收等。

6. 设计评价与管理阶段

设计评价是衡量设计、施工成功与否的依据之一。随着现代社会的发展和设计对象的复杂化，人们对设计、施工提出了更高的要求，这就要求设计师在完成一件作品后必须及时进行总结分析，在设计的技术、美学、人性化等方面不断提升自己。

设计日常管理是设计师提供给使用单位或用户的有关城市公共设施日常使用和维护的注意事项，是业主日后进行管理的依据之一。

设计师必须把握好城市公共设施设计的基本程序，注意各阶段的任务分工，充分重视与各专业人员、非专业人员保持沟通，合理调动各方面因素，将设计的内涵与意象准确地转化为现实，以确保理想效果的实现。

二、设计的表现方法

城市公共设施设计的表现方法主要有三类，一是快速的设计草图表现，二是艺术化的效果图表现，三是相当严谨的技术图纸表现。这三类表现方法在不同的设计阶段使用，表达不同的设计要求。

1. 快速的设计草图表现

快速的设计草图一般采用铅笔、钢笔等工具绘制，在设计的构思阶段用来记录设计思维，如图4-17所示。它是设计思维快速闪动的轨迹记录，也是进行设计扩初的基础。快速的设计草图表现一般快速、自由、流畅，具有一定的随意性，但能很好地体现设计者的个人艺术气质与设计水平。快速的设计草图虽然潦草、混乱，但在艺术审美上具有一定的观赏价值。

2. 艺术化的效果图表现

城市公共设施设计非常重视设计的艺术效果，设计师通常采用真实性和艺术性高度结合的效果图形式，把设计效果更直观地呈现给业主，艺术化的效

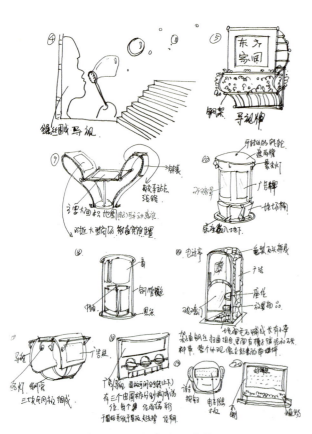

图4-17　快速的设计草图

果图表现方法具有较强的说服力、感染力、冲击力。为了更好地使用这一表现方法,设计者需要有较高的艺术修养和表现功底。设计师一般以快速工具表现、手工精绘表现和计算机辅助表现三种形式来表现效果。艺术化的效果图表现示例如图4-18~图4-22所示。

图4-18 手绘效果图(一)

图4-19 计算机效果图

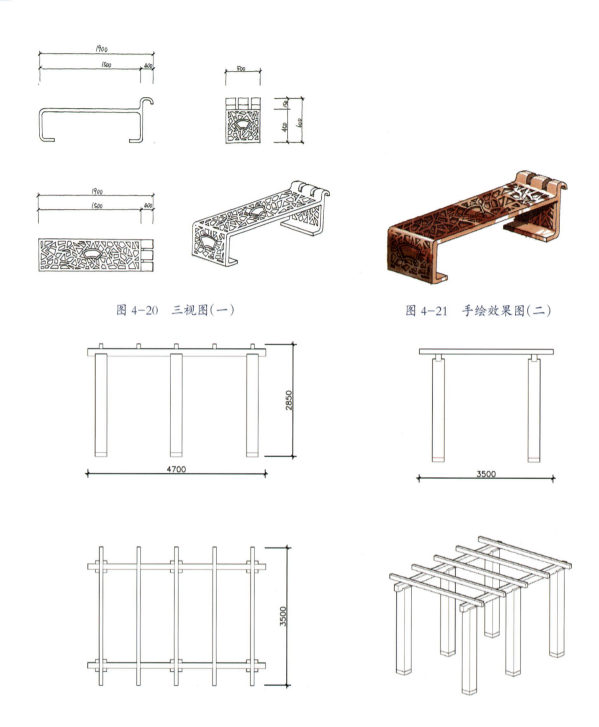

图 4-20 三视图(一)

图 4-21 手绘效果图(二)

图 4-22 三视图(二)

3. 相当严谨的技术图纸表现

城市公共设施设计除运用以上两种表现方法外,还要采用相当严谨的技术图纸表现,如果说前两种是用于设计造型的效果表现,那么这种表现方法就是用于为设计的实现提供依据。随着计算机辅助设计的发展,CAD 制图大大提高了技术图纸表现的效率。CAD 制图遵循规范的制图标准,将设计的整体布局和细节都表达得清清楚楚。CAD 制图的图面形式主要有平面图、立面图、剖面图、节点图等,这些图一般以施工图来统称。相当严谨的技术图纸与实物如图 4-23 所示。

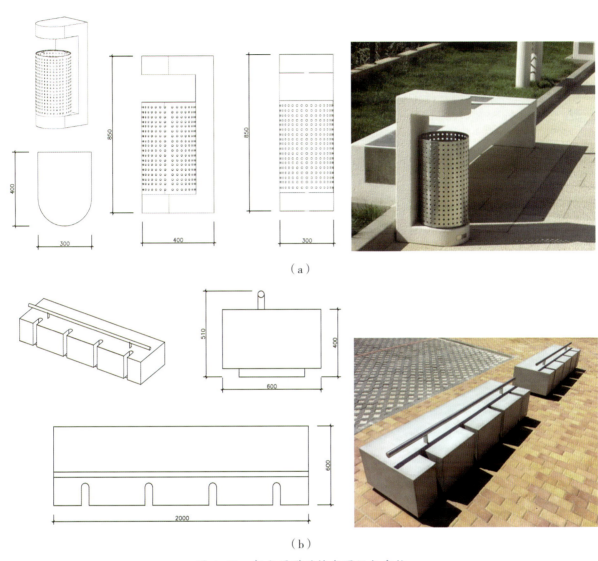

图 4-23 相当严谨的技术图纸与实物

三、案例分析

1. 案例分析 1

由美国弗莱彻工作室 (Fletcher Studio) 设计的常春藤大街 300 号 (300 Ivy) 项目，主坡道采用无障碍设计，符合《美国残疾人法案》相关标准。坡道设置成曲线而非直线，正是为了满足无障碍设计的标准。

常春藤大街 300 号 (300 Ivy) 项目所采用的设计表现方法及施工过程如图 4-24～图 4-30 所示。

2. 案例分析 2

由荷兰设计师荣兰德·奥登设计的 AB 椅有 26 把。这 26 把椅子组成了 26 个字母。设计师根据不同字母的外形特征来实现坐的功能，外表黑色的喷漆让这些椅子呈现出艺术字的效果。在整套椅子的设计中，除了有靠椅的设计，还有独凳的设计。M、N、O 等凳子从造型上看上去中规中矩，但贵在设计理念新颖。AB 椅的草图如图 4-31 所示，透视图如图 4-32 所示，效果图如图 4-33 所示，模型图如图 4-34 所示，制作过程如图 4-35 所示，实物图如图 4-36 所示。

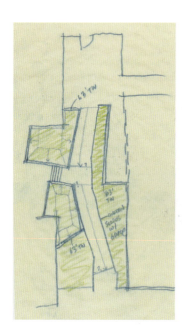

图4-24 常春藤大街300号
(300 Ivy)项目的草图

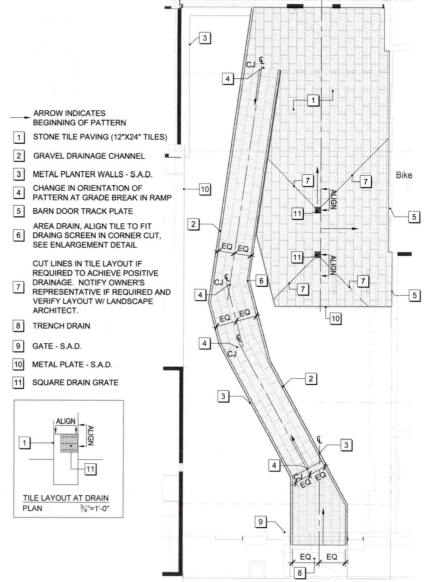

图4-25 常春藤大街300号(300 Ivy)
项目的平面图

图4-26 常春藤大街300号(300 Ivy)
项目的彩色平面布置图

图4-27 常春藤大街300号(300 Ivy)
项目的效果图

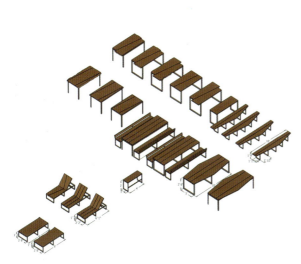

图 4-28　常春藤大街 300 号（300 Ivy）项目的设施效果图

图 4-29　常春藤大街 300 号（300 Ivy）项目的实物图

图 4-30　常春藤大街 300 号（300 Ivy）项目的施工过程

续图 4-30

图 4-31 AB椅的草图

图 4-32 AB椅的透视图

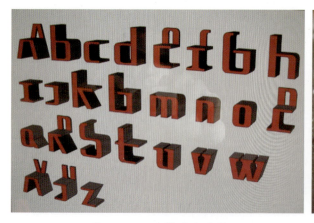

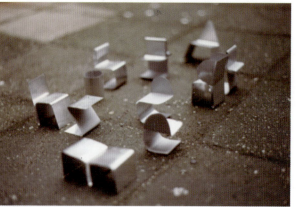

图 4-33 AB椅的效果图

图 4-34 AB椅的模型图

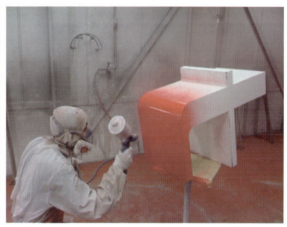

图 4-35　AB 椅的制作过程

图 4-36　AB 椅的实物图

● 能力目标

系列化公共设施设计

1. 确定方案,绘制三视图和效果图。

2. 设计一套系列化公共设施,要求至少五件(根据公共设施的种类,掌握公共设施的风格、造型及色调,掌握不同空间公共设施的表现方法和形式特点)。

3. 编写设计说明,要求字数在 200 字左右。

第五章 城市环境中公共设施的应用

知识目标

掌握城市广场公共设施设计、园林景观区公共设施设计、城市居住区公共设施设计、城市商业步行街公共设施设计、城市交通空间公共设施设计。

能力目标

1. 具备完整的空间思维能力与表达能力。
2. 能够独立创造出有个性、现代感较强、兼具实用性和艺术性的设计作品。

素养目标

1. 培养良好的沟能与协作能力。
2. 培养敬业、精益、专注和创新的工匠精神。
3. 培养工程安全意识。

第一节　城市广场公共设施设计

城市广场的公共设施不仅能够创造出城市的良好环境形象,还有利于地区的经济发展、市民交流、城市规划以及弘扬城市文化。随着人们生活质量的不断提高,城市公共设施在设计上开始追求整体性、地域性、协调性,追求人－物－环境的和谐以及城市文脉的延续。

一、城市广场的类型

城市广场按照功能不同大致可以分为市政广场、纪念广场、商业广场、交通广场、休闲娱乐广场五类,如表5-1所示。

表5-1　城市广场的分类

类　　别	说　　明
市政广场	位于城市行政中心
纪念广场	纪念人物或事件,具有纪念意义的建筑物
商业广场	是城市生活的中心,集贸易、购物、休息、饮食于一体
交通广场	在交通枢纽地段,位于火车站、汽车站、航空港、水运码头及城市主要道路的交叉点
休闲娱乐广场	分布范围广,休闲娱乐场所密集

二、公共休息服务设施

城市广场空间布置了大量的公共休息服务设施,如图5-1所示,以便于人们在城市广场空间中休息和交流,这一部分内容详见第三章第四节的讲解。

图5-1　比利时 Kardinal Mercier 广场

三、公共照明设施

城市环境离不开现代化的环境照明。城市广场是一个城市外在形象的反映点,城市广场的夜景更是一个城市发展状态的综合体现。城市广场的夜景照明艺术不仅仅要考虑广场本身的主题定位和各个组成要素,还要结合广场周围的道路、建筑、景观和绿化的特点,在艺术设计上选用造型与主题相符合、照度适中、色彩宜人的照明产品,使灯光亮暗区域对比适当、自然和谐,避免和减少眩光和溢散光对环境产生的光污染,创造出具有文化氛围的、舒适宜人的广场夜景。美国达拉斯艺术广场夜景如图5-2所示。

图5-2 美国达拉斯艺术广场夜景

四、公共配景设施

1. 雕塑

雕塑的类型繁多,在城市中主要有纪念雕塑、装饰雕塑和主题雕塑三大类。城市中的纪念雕塑一般都设置在城市广场或进入城市的主要通道处。城市文化广场的雕塑,往往与具有纪念性的建筑共同反映城市、民族、地域的人文背景,具有时代的印记。城市广场的雕塑常以城市发展和城市突出事件、历史人物等来体现城市的特色。中国香港星光大道雕塑如图5-3所示。

图5-3 中国香港星光大道雕塑

2. 水景

1) 概述

设计师在城市广场水景的塑造中应当注重多种形态水景的结合，塑造多种静水、流水、落水、喷水景观。多种形态水景的结合，可以给游人带来不同的视觉与心理感受，有助于增加城市广场的新鲜感与活力。在城市广场水景的塑造过程中，设计师应充分考虑水景与城市广场游人活动的结合，将游人的活动融入水景当中，通过水景与木平台、桥、汀步、铺装场地的结合，如在活动场地设置旱喷，开放时游人可以开展戏水游戏，创造出不同的活动场所，让游人感受到与水景的互动，获得不同的心理体验。

2) 案例分析

大型水景雕塑是雅干广场的一大亮点。这一水景雕塑，由一系列的石头组成，从上层广场一直延伸到下层购物中心，流畅的设计元素提升了场地的体验感，游客可以随意观赏、触摸与感受。雅干广场水景雕塑细部如图5-4、图5-5所示。

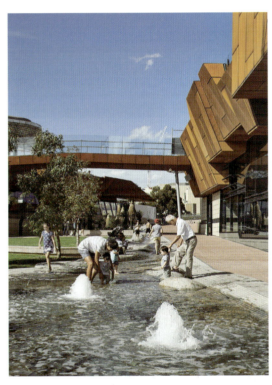 

图5-4 雅干广场水景雕塑细部（一）

图5-5 雅干广场水景雕塑细部（二）

设计师将一系列艺术雕刻元素应用于石材铺装的水景，同时利用Rhino 3D建模，并将模型记录在Revit软件中以用于后期施工，为主要承包商和石材供应商提供数位模型，实现设计。

3. 植物景观

不同类型的城市广场需要选择不同的植物配置。设计师一般可根据城市广场的特点、文化属性、功能实现等来选择植物的配置。市政广场是政府沟通和举行仪式的场所，该类广场的植物主要呈周边式配置，中央采用硬质铺装或软质的耐踏草坪铺装，广场内视线通透。纪念广场一般用于纪念某一特殊事件或人物，供人们瞻仰、纪念，在植物的选择上可以将硬质铺装与软质绿化景观相结合，达到可观、可游、可休憩的效果。商业广场更多地体现城市的繁华，在植物的选择上没有固定的模式，可以采用丰富多彩的植物来体现商业的繁荣景象。交通广场一般位于交通枢纽，人流量大，在不影响交通的情况下，可以见缝插景，同时配以当地植物，体现城市的独特风格。休闲娱乐广场在城市中分布较多，绿地面积大，风格多异，植物配置主要应考虑广场的功能和景观需要。

4. 地面铺装

城市广场的铺地是城市广场中的底界面，也是城市广场中其他景观元素展开的基础。大量的地面铺装本身就是对城市生态环境的一种破坏，是城市热岛效应产生的原因之一，因此在城市广场铺地的塑造中，设计师应当加强环保材料的使用，选择透水型的地面铺装材料，让雨水返回地面，当然，最好能够将城市雨水回收利用。地面铺装要和周围环境相呼应。例如，德国诺德霍恩市剧院广场的铺地与建筑的风格就比较协调统一，如

图 5-6　德国诺德霍恩市剧院广场

图 5-6 所示。诺德霍恩市剧院建筑的正面用天然石头堆砌而成，极富时代特色和表现力，如图 5-7 所示。剧院前面的广场使用混凝土铺装，与建筑正面的色调协调一致，如图 5-8 所示。现有的树木围于广场围栏中，围栏也采用了混凝土元素，人们可以坐在上面。

图 5-7　德国诺德霍恩市剧院建筑的正面

图 5-8　德国诺德霍恩市剧院广场的地面铺装

五、案例分析——西安大雁塔北广场

大雁塔北广场位于著名的西安大雁塔脚下，是目前国内最大的唐文化主题广场。整个北广场以大雁塔

为南北中心轴线进行三等分,中央为主景水道,东西两侧分置戏曲大观园和民俗大观园等景观。

1. 雕塑

对于雕塑,设计师一方面采用逼真写实的手法将大唐的八位精英人物(李白、杜甫、陆羽等)展现在人们面前,雕塑材质选用的是白色的麻石,雕塑人物表情睿智而坚毅,游客在感受唐代文化博大精深的同时,可以了解这些精英人物对后世的贡献;另一方面采用现代抽象派的手法,以最具中国美术特色的诗书画印为主题,结合大唐文化意蕴,设计了一组水景雕塑小品,并分别取名为"雁塔晨钟""人和""雁塔题名""佛珠""黄河水""日月同辉""诗乐""印石""飞虹""疑似银河落九天",材质方面采用锻铜、花岗岩等,使水景雕塑小品与律动的中央水景相融合,显得灵动自然,情趣致远。

对于雕塑的尺度,考虑到人们赏景的最佳视距、视线,雕塑的平均高度为2.6 m,这样的尺度拉近了人与雕塑的距离,避免了由于雕塑人物过于高大而产生冷漠感、距离感。

2. 喷泉

西安大雁塔北广场的音乐喷泉(见图5-9)是西安的标致景观。该喷泉分为百米瀑布水池、八级跌水池和前端音乐水池三个区域,可分区独立表演或整体表演。八级跌水池中有世界上最大的方阵,喷头通过排列组合可以变幻形成多种水形。

3. 照明

大雁塔北广场非常注重夜景。大型落瀑水景用灯照射,流光溢彩;水池壁和底部装有地脚灯;喷泉装有水下池面地灯;高低不平处装有LED光带,以提示游人,避免游人摔倒;采用九宫格布局的草坪中用地射灯勾勒形状;步行道两侧设有发光的灯具。此外,大雁塔北广场的照明设计有别于传统的照明设计,采用光谱分析技术,既不招引蚊虫,也不刺激人眼。每当夜幕降临,大雁塔北广场展现在人们面前的是千姿百态、璀璨耀人的风韵。广场两侧的古建筑,在大红灯笼的映衬下,唐风尽现。

图5-9 西安大雁塔北广场的音乐喷泉

西安大雁塔北广场景区景观与公共设施如图5-10所示。

图5-10 西安大雁塔北广场景区景观与公共设施

续图 5-10

第二节　城市公园公共设施设计

一、城市公园的类型

城市公园是城市园林绿化的精华,也是一个城市历史文化的缩影。城市公园的类型如表 5-2 所示。

表5-2　城市公园的分类

类　别	说　明
综合公园	内容丰富，有相应设施，适合公众开展各类户外活动的规模较大的绿地，包括全市性公园和区域性公园
社区公园	为一定居住用地范围内的居民服务，具有一定活动内容和设施的集中绿地
专类公园	具有特定内容或形式，包括植物园、动物园、儿童公园、纪念性公园等
带状公园	沿城市道路、城墙、水滨等，有一定休憩设施的狭长绿地。带状公园常常结合城市道路、水系、城墙而建设，是绿地系统中颇具特色的构成要素，承担着城市生态廊道的职能

二、公共信息设施

1. 标识系统

标识系统是一种信息传递的工具，是指任何带有被设计成文字或图形的视觉展示，用于传递信息或吸引注意力，实现信息传递、辨别和形象传递等功能。城市公园标识系统包括以下五大类型。

1) 导游全景图

导游全景图又称景区总平面图、景区导览图，包含景区全景地图、景区文字介绍、游客须知、景点相关信息、服务管理部门电话等内容。橘子洲景区导览图如图5-11所示。

2) 景物（景点）介绍牌

景物（景点）介绍牌能够提供详细的景物（景点）信息，在园林景观环境中随处可见。橘子洲沙滩公园景点介绍牌如图5-12所示。

图5-11　橘子洲景区导览图

图5-12　橘子洲沙滩公园景点介绍牌

3) 道路导向指示牌

道路导向指示牌包括道路指示、公共厕所指示、停车场指示等内容。道路导向指示牌用于引导人前往目的地，是人们明确行动路线的工具。

4)警示牌

警示牌用于提示游客注意安全及保护环境等。

5)服务设施名称标识

服务设施名称标识包括售票处、出入口、游客中心、医疗点、购物中心、厕所、游览车上下站等公示标识。

2.标识系统的设置规定

在城市公园,标识系统的设置应符合下列规定。

(1)应根据公园的内容和环境特点确定标识的类型和数量。

(2)在公园的主要出入口,应设置公园平面示意图和信息板。

(3)在公园内道路主要出入口和多条道路交叉处,应设置道路导向标识;如果公园道路长距离无路口或交叉口,宜沿路设置位置标识和导向标识,且最大间距不宜大于150 m。

(4)在公园主要景点、游客服务中心和各类公共设施周边,宜设置位置标识。

(5)景点附近可设科普或文化内容解说信息板。

(6)在公园内无障碍设施周边,应设置无障碍标识。

(7)在可能对人身安全造成影响的区域,应设置醒目的安全警示标识。

三、公共休息服务设施

1.公共座椅

公共座椅(见图5-13)是为人们进行休息、交谈等各种活动而提供的主要设施。公共座椅设置在户外,对公共座椅的设计有两点要求,一是坚固耐用、不易损坏,二是给人亲和、舒适的感受。在公共座椅的造型设计上,设计师应力图简约、自然、整体。另外,公共座椅椅面与靠背的高度、长宽、倾斜度要根据人机工程学来确定,从而确保人体坐姿的舒适。公共座椅种类繁多,如条形公共座椅、围合型公共座椅、弧线公共座椅、L形公共座椅等,不同类型的公共座椅共同为娱乐和休息提供多种可能性。

图5-13 公共座椅

公共座椅的设置应符合以下规定。

(1)容纳量应按游人容量的20%~30%设置。

(2)应考虑游人需求合理分布。

(3)公共座椅旁应设置轮椅停留位置,且数量不应小于公共座椅的10%。

2.凉亭

凉亭(见图5-14)具有休息、点景、赏景等多种功能。凉亭可防日晒、防雨淋、消暑纳凉,是园林中游人休息之处。作为一种景观建筑,凉亭常常以空间环境主体的形式出现,构成视觉景物的趣味中心,方便人们从各个方向欣赏。凉亭四面空灵,更多地强调自身虚空的内部与周围空间环境之间的联系,并通过建筑造型的外在形象,在周围空间中起到点景的作用。"江山无限景,都取一亭中。"这就是凉亭的作用。

中国古典园林中的凉亭大多是用木、竹、砖、石、青瓦、琉璃瓦、茅草建造的,而现代凉亭除了用传统材料,还运用了许多新材料,如混凝土、玻璃和PC板等。

图 5-14　凉亭

四、公共卫生设施

1. 垃圾箱

设计城市公园内的垃圾箱(见图5-15)时,设计师应根据人们一定时间内倒放垃圾的次数和多少、倒放的垃圾种类及清洁工人清除垃圾的次数等来决定垃圾箱的容量与造型,并考虑垃圾箱的放置地点,以便使垃圾箱更好地满足人们的人性化需求。

根据《公园设计规范》(GB 51192—2016),垃圾箱设置应符合下列规定。

(1) 垃圾箱的设置应与游人分布密度相适应,并且垃圾箱应设置在人流集中场地的边缘、主要人行道路的边缘及公共座椅附近。

(2) 公园陆地面积小于或等于 1×10^6 m² 时,垃圾箱设置间隔距离宜在 50~100 m 范围内;公园陆地面积大于 1×10^6 m² 时,垃圾箱设置间隔距离宜为 100~200 m。

(3) 垃圾箱宜采用有明确标识的分类垃圾箱。

图 5-15　垃圾箱

2. 公共厕所

根据《公园设计规范》(GB 51192—2016)，游人使用的厕所应符合下列规定。

(1) 面积大于或等于 $1×10^5$ m² 的城市公园，应按游人容量的 2% 设置厕所厕位(包括小便斗位数)；面积小于 $1×10^5$ m² 的城市公园，按游人容量的 1.5% 设置厕所厕位(包括小便斗位数)；男女厕位比例宜为 1∶1.5。

(2) 服务半径不宜超过 250 m，即间距不宜超过 500 m。

(3) 各厕所内的厕位数应与公园内的游人分布密度相适应。

(4) 在儿童游戏场附近，应设置方便儿童使用的厕所。

(5) 公园应设无障碍厕所(见图 5-16)。无障碍厕位或无障碍专用厕所的设计应符合现行国家标准《无障碍设计规范》(GB 50763—2012)的相关规定。

五、案例分析

清明上河园是位于中国著名古都开封的一座大型历史文化主题公园，1998 年正式对外开放，占地 600

图 5-16　无障碍厕所

余亩(600 亩 ≈ 400000 m²)。它是依照北宋著名画家张择端的传世之作《清明上河图》建造而成的。园内共设有综合服务、休闲购物、驿站、民俗风情、特色食街、宋文化展示、花鸟虫鱼、繁华京城八个功能区,校场、虹桥、民俗、宋都四个文化广场。

清明上河园公共设施的独特性表现在对宋文化的审美层面上,让游园者有"一朝步入画卷,一日梦回千年"的时光倒流之感。清明上河园在开发中把皇家园林景观与古代娱乐项目相结合,并采用现代游乐休闲的理念,通过现代高科技手段再现了水上潜运、水上大战、水上迎亲等宋代水上游乐场景。

开封清明上河园景区景观与公共设施如图 5-17 所示。

图 5-17　开封清明上河园景区景观与公共设施

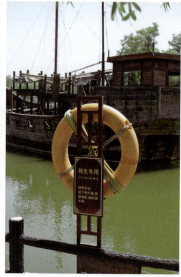

续图 5-17

续图 5-17

第三节　城市居住区公共设施设计

在我国的传统城市居住区规划理论中，城市居住区按照人口规模分为三级，即居住区、居住小区和居住组团。

居住区的景观由道路、绿地、设施小品等组成，这些组成部分都是城市公共设施的具体体现。为了提供舒适、宜人的居住环境，满足人对场所的各项需求，设计师在进行居住区的景观规划设计时要对公共设施进行合理的设计和设置。

居住小区也称住宅小区，是指由城市道路以及自然支线（如河流）划分，并且不被交通干道穿越的完整居住地段。住宅小区一般设置一整套可满足居民日常生活需要的基础专业服务设施和管理机构。居住小区的公共设施主要包括公共游乐健身设施、公共信息设施、公共卫生设施、公共交通设施、公共照明设施等，公共设施的完善程度是衡量居住小区档次和舒适度的重要指标。

一、公共游乐健身设施

1. 公共游乐设施

公共游乐设施主要包括儿童游乐设施和成人游乐设施两种类型。

1) 儿童游乐设施

与成人相比，儿童户外游乐空间设施的设计需要有很多独特的考虑和关注。设计师要从整体出发系统地创造适合儿童游乐的设施，重视儿童的心理、生理及行为上的特征，以年龄为儿童分组活动的依据，使得不同年龄的儿童活动方式不尽相同。儿童游乐设施如图5-18所示。

图 5-18　儿童游乐设施

2）成人游乐设施

成人游乐设施主要同健身设施合二为一。在我国，儿童游乐设施均通过限重的方式禁止成人使用。但在国外，如德国的儿童游乐设施，充分考虑了成年人的使用需求，满足了成年人的童趣心理，可供家长与儿童一起玩耍，使得儿童游乐设施的使用率大大提高，同时也促进了亲子关系。

2. 公共健身设施

公共健身设施是指在城市户外环境中安装固定，供人们进行体育锻炼及娱乐活动，对人们的身体素质能起到一定的提高作用的设施。随着全民健身运动的普及，健身设施出现在我国许多的社区环境中。在很多公共绿地、广场、公园、居住小区等均设有健身设施。公共健身设施的设置为人们休闲、锻炼提供了条件，提升了人们的生活质量。

1）类型

按照使用者的年龄，公共健身设施可分为儿童健身设施、成人健身设施、老年人健身设施。

按照设施结构的复杂程度，公共健身设施主要分为具有单项功能的公共健身设施和具有综合性功能的公共健身设施。

按照设施所具有的不同功能的健身作用，公共健身设施可分为锻炼柔韧性和灵活性的公共健身设施、增强平衡能力和灵活性的公共健身设施、增强上肢肌肉力量的公共健身设施、增强腰腹部力量的公共健身设施、增强下肢肌肉力量的公共健身设施、休闲放松的公共健身设施。

2）设计要点

(1) 易用性。所谓易用，指的是在使用公共健身设施前，人们不需要经过专门的培训和学习，一看就会使用。公共健身设施只有容易使用，才会有更多的使用者以及更大的社会存在价值。

(2) 趣味性。虽然公共健身设施的作用是以健身为主的，但若设施中缺少了娱乐性因素，就会让人感觉枯燥，因此设计师在设计时要考虑公共健身设施的趣味性，减少运动带来的疲乏感，增加人们心理上的愉悦。在具体的设计中，设计师应避免使用者动作的单调，在可能的情况下设计一些可供多人参与、具有竞争性质或具有互动性质的公共健身设施，以便使用者增加交流，提高使用者使用的积极性。

(3) 舒适性。使用过程中的舒适性原则主要体现在生理和心理两个方面。使用过程中的舒适状态是指在使用的过程中人感到舒服，动作不别扭，有愉悦的身心体验。在设计中，设计师要对公共健身设施的尺寸进行科学的选择，不同的公共健身设施采用不同百分位的尺寸。在心理上的舒适感是指公共健身设施中可见、可触摸、可感受到的部分给人带来心理上的抚慰、亲切感、温暖感以及使用时的心理安全感或者心理认同感。它具体体现在：公共健身设施的造型设计稳定牢固，繁杂结构不外露或少外露，设计的形态、材料、色彩感受等具体组成要素能获得使用者的心理共鸣，能给使用者带来精神上的舒适感和愉悦感。

二、公共信息设施

居住区信息标识可分为四类，即名称标识、环境标识、指示标识、警示标识。设计师在设计信息标识的过程中要注意以下问题。

(1) 信息标识的位置应醒目，且不对行人交通及景观环境造成妨碍。

(2)信息标识的色彩、造型设计应充分考虑其所在地区建筑、景观环境以及自身功能的需要。

(3)信息标识的用材应经久耐用,不易破损,方便维修。

(4)各种信息标识应具有统一的格调和背景色调以突出物业管理形象。

三、案例分析

澳派景观设计工作室设计的坎普顿 Gantry 公寓景观如图 5-19 所示。坎普顿 Gantry 公寓位于悉尼坎普顿,是集住宅和商业功能于一体的综合性建筑,内有两个为住户设计的私密花园。在该公寓,在公共空间和贯穿场地的小路上分布着预制混凝土座椅,并配置有公共照明设施和特色种植池,突显了中央的核心空间。

图 5-19 坎普顿 Gantry 公寓景观

第四节 城市商业步行街公共设施设计

城市商业步行街是由众多商店、餐饮店、服务店共同组成,按一定结构比例规律排列的商业繁华街道,是城市商业的缩影和精华,是一种多功能、多业种、多业态的商业集合体。日本和中国台湾将城市商业步行街称为商店街;英国多将城市商业步行街称为 high street,通常是指位于市中心的核心街道;美国将城市商业步行街称为 shopping street,主要指位于市中心的商业密集度较高的街道。

城市商业步行街是供人们购物、饮食、娱乐、美容、憩息等的步行街道。公共设施是城市商业步行街空间环境不可缺少的要素,它既为人们提供休息、交流、通信、活动等功能,又是城市商业步行街景观环境的重要构成部分,在城市商业步行街空间中起到界定、转换、点景的作用,不仅体现着城市商业步行街和城市的特征,还能美化环境、渲染气氛,因此得到人们的重视和青睐。

城市商业步行街中的公共休息服务设施作为直接服务于人的设施之一,最能体现对人的关怀,是利用率最高的设施,包括椅凳、休息廊等主要供休憩、交流、观赏等为人服务的设施。城市商业步行街中的公共信息设施种类繁多,包括以传递听觉信息为主的声音传播设施和以传达视觉信息为主的图像广告设施,主要有图像广告设施、音响设备、信息终端和电话亭等。除去两侧的商店,城市商业步行街还需要设置一些富有特色的辅助服务设施,如自动售货亭、自动售货机,这些设施既可弥补城市商业步行街商品上的一些空白,又可为人们提供购物的便利,增加人们在城市商业步行街上活动的多样性和丰富性。照明设施是城市商业步行街景观环境中不可缺少的一部分,在一定程度上成为城市空间环境中各种信息的有力载体,是城市商业步行街夜间景观的重要载体。

一、公共休息服务设施

1. 公共座椅

城市商业步行街上的公共座椅(见图 5-20)是为人们进行休息、思考、交谈、观察、饮食等各种活动而提供的主要设施。随着城市商业步行街的不断发展,人们的户外活动越来越多样化,人们也更注重户外生活环境,使得公共座椅在城市商业步行街上的地位显得更加重要。在通常情况下,城市商业步行街中并没有足够舒适的公共座椅,但人们对公共座椅的需求量非常大,人们倾向于随处就座,而且提供的公共座椅越多,休息的人也越多。

扬·盖尔(Jan Gehl)提出"座席景观"的说法,它指的是将各种环境设施的基座、边缘设计成可坐的,使其成为一种特殊类型的座椅。例如,巧妙地利用花坛或将树池的边缘向外挑出,使其成为人们休憩的座椅。花坛兼座椅如图 5-21 所示。因此,提供充足的公共休息服务设施是激发城市商业步行街活力有效的措施和手段。购物者倾向于就近休息,空间中有公共座椅将吸引大量的人停留,长时间的停留是发生其他活动的基础。

图 5-20　公共座椅

图 5-21　花坛兼座椅

2. 亭、廊、棚

亭、廊、棚满足了人们在城市商业步行街休息、娱乐的需要,基本采用现代材料制作,形式上较抽象化,极富现代感,是商业空间中人们休闲的好去处。

1）亭的设计要点

亭一般由基座、亭柱、亭顶三个部分组成。为了增强适用性，在亭的内部需设置可供休息的栏椅等附设物。设计师注重亭的艺术造型，亭的外部装饰应尽可能采用当地的自然材料。细部设计往往是体现亭具体性格特征的重要手段，比例、体量、色彩等是关系到亭设计成败的关键因素。

2）棚的设计要点

棚可根据用途在尺度上做相应的处理，以满足人的视线、心理需求及对采光通风的要求。棚多采用金属、帆布等制作，具有索膜结构。棚由棚柱和棚顶组成。由于棚顶面积较大，设计师在设计时应适当考虑排水要求。

3）廊的设计要点

廊在空间环境中，起到联系和分隔空间、平衡构图的作用，它的艺术功能与实用功能同样重要。廊由廊柱和廊顶组成，可采用木材、金属板、砖石、玻璃等制造。

3. 售货亭

售货亭（见图5-22）是为人们提供购物便利或提供某种服务的设施，又可称为服务商亭。售货亭包括书报亭、快餐亭、售花亭、工艺品亭等。

图 5-22　售货亭

4. 自动售货机

自动售货机（vending machine，见图5-23）是能根据投入的钱币自动付货的机器。20世纪70年代，自动售货机在美国、日本迅猛发展，如今已成为世界上较大的现金交易市场。它又被称为24小时营业的微型超市。随着我国商品市场的不断繁荣和城市现代化程度的不断提高，自动售货机也早已步入我国的大中城市。如今，在我国机场、地铁、商场、公园等客流较大的场所，都能发现自动售货机的身影。

图 5-23　自动售货机

5. 流动售货车

流动售货车（见图5-24）是机动性很强的小型销售设施，可以停放在休闲广场、步行街口、车站、码头、校园、庆典活动现场、体育场馆、旅游景点等场所，还可以开到郊外乡镇赶场。流动售货车具有宣传、配送、现场售卖、促销等价值，适用于大小型零售企业形象宣传等。如今流动售货车不仅在外观上较美观,内部结构也根据实际需求进行了有关调整,并使用优质材料装饰内部。各式各样的流动售货车在许多国家已成为别有特色的景观。

图 5-24　流动售货车

二、公共信息设施

1. 公用电话亭

作为城市商业步行街公共设施的一种,公用电话亭在满足功能的前提下,应具有一定的审美价值,但要以协调整体环境形象为主,不宜过分夺目。

2. 邮筒

世界各国的邮筒(见图5-25)造型、色彩各异。为了向本国公众展示统一的形象,本国邮政管理部门通常选择特定的颜色作为邮筒的颜色,以使公众从总体上识别其服务。从目前各国邮筒的主流颜色来看,红色是使用较为广泛的颜色。中国邮筒的颜色统一为墨绿色。

图 5-25　邮筒

3. 标识牌

标识牌应该简洁、易懂,安装位置应利于行人观看。标识牌一般选用坚固、经济、易加工的钢木结构的材质制作。标识牌在设计上应力求简约但不简单,高度应符合人的视觉习惯,便于路人读取信息。

4. 商业性广告牌

在城市商业步行街中,商业性广告按照设置载体的不同可分为建筑物广告、构筑物(电话亭、报刊亭、公交候车亭等)广告、路牌广告、高立柱广告、立体造型广告、汽车广告等。

三、公共卫生设施

城市商业步行街的公共卫生设施包括垃圾箱、饮水器、公共厕所等。

1. 垃圾箱

设计师在设计城市商业步行街中的垃圾箱（见图5-26）时，不仅要考虑温度、湿度、气候、光照等自然条件的影响，还要考虑垃圾箱的材料选择、使用寿命、人为损坏与自然损坏等因素。城市商业步行街中的垃圾箱可用钢材、塑料和HB复合板等制造。钢材强度高，耐腐蚀，耐酸碱，抗老化。塑料方便且易清洗。HB复合板是指将不可分解的废纸、塑料、铝复合包装及其边角料经过高科技热压制成的板材，是一种环保材料。城市商业步行街中的垃圾箱在造型设计上既要尽可能与周围环境相融合，又要具有较大的体积容量，设计师在设计时要考虑垃圾箱造型的科学性，避免出现开口太大、容积太小、密闭性太差、垃圾容易溢出、回收不方便、容易造成二次污染，没有实施垃圾分类等问题出现。

图 5-26 垃圾箱

2. 饮水器

饮水器是现代景观发展过程中产生的一种景观设施，一般设置在街道中的出入口、食品销售亭点、休息空间附近，以便于人们发现和利用。设计师在设计饮水器时要注意以下几点。

（1）支座与地面的接触面尽量小，以减少设备本身的污水。

（2）饮水器的结构应具有较强的抗倾覆能力和防冻能力。

（3）在高度的设计上应考虑到方便儿童和弱势群体，所以饮水器高度不宜过高。

（4）饮水器附近的地面铺装材料应具有良好的渗水性，泄水口的地表最好有一定的坡度，以避免积水。

（5）在设计风格方面，在满足功能的前提下，应注重饮水器的景观艺术效果，以带给人良好的视觉感受。

四、公共照明设施

随着社会经济的发展，城市商业步行街的照明也在不断地创新，夜景照明设施开始成为城市空间环境中各种信息的有力载体。

城市商业步行街照明设施的设计原则如下。

（1）照明设施从整体到细节均应注重结合具体街道的状况及两侧的建筑特点，以形成各种不同的街道灯光环境。

（2）商业街道照明环境的意义除满足人们的基本使用需求外，还在于刺激街道上产生更多的活动形式，促进形成浓郁的街道生活氛围。

（3）塑造一个欢快的、有趣味的夜间景观，以吸引更多的人。

五、案例分析

悉尼皮特商业步行街在时代前进的步伐中迎来了改建。改建旨在提供超群绝伦的公共空间。设计主要着力于三个要素,即铺装、街道家具和照明。街道家具是为该改建项目特别设计和定制的座椅,它与树木成组出现。黑色花岗岩基座、喷砂青铜框架和木材板面组成了座椅群。种植的树木是榆树。

地面铺装采用的是石材,金属排水箅子设置在道路中央,金属排水箅子有着精致而漂亮的花纹,在美观的箅子下隐藏着铸铁箅子。以金属排水箅子为界,道路一分为二,深色的石材向两侧漫开,与外侧浅色的石材交错交融,一些色彩明显的石板点缀其间。

在公共照明设施方面,利用支撑线网吊起定制的LED灯具,避免在地面上遗留杂乱的灯线布局,在解决照明需求的同时展现出一个鲜明的夜景形象。这些LED灯具堪称艺术品,像是画布一样,能根据情境的要求设置出变化的各色光线。悉尼皮特商业步行街景观与公共设施如图5-27~图5-29所示。

图5-27 悉尼皮特商业步行街景观与公共设施(一)

图 5-28 悉尼皮特商业步行街景观与公共设施(二)

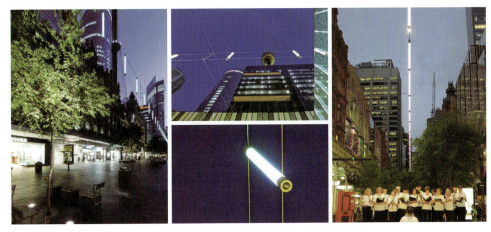

图 5-29 悉尼皮特商业步行街景观与公共设施(三)

续图 5-29

第五节　城市交通空间公共设施设计

城市交通性街道在日常生活中主要承担着交通运输的功能,这些街道通常连接着城市中不同的功能区,用以满足各个功能区之间日常人流和物流空间转移的要求。城市交通性街道通常兼有交通和景观两大功能,一般与城市的重要出入口相连,如出入城的公路、铁路、公路客运站等。城区内主要的商业中心之间、各中心广场之间、城市商业与中心广场之间等的连接通道是城市中重要的轴线。在城市交通性街道上,车辆速度较快,交叉口间距较大,且多数采用立交形式来组织交通。这些街道的两侧一般不宜设置吸引大量人流的大型商业、文化娱乐设施,避免人流对车道的影响,以保证城市交通性街道上车流顺畅。因为城市交通性街道上行人数量较少,街道景观观赏者主要是行进车辆中的人,所以城市交通性街道两侧的建筑物一般较简洁,强调轮廓感和节奏感,没有多余的装饰以适应观赏者,可偶尔设置一些大型雕塑或标志物来丰富景观。

一、公共休息服务设施

为了不影响通行,设置在城市交通性街道上的公共座椅(见图 5-30)较少,但其富有个性、独具魅力,以多样化的形态结构强化地区的风貌,成为文化传承和交流、人们情感协调的重要因素。

二、公共信息设施

公共信息设施包括指示牌、公共信息栏、公用电话亭、街钟、路牌等。

图 5-30　公共座椅

1. 指示牌

在复杂的公共交通中,最具有识别能力的是数字,用数字对公共交通进行编号是有效的导向方式。数字化管理可以扩大导向系统的服务范围,并可使导向系统更人性化。欧洲很多国家和地区都已经逐渐实现了公共交通路线的数字化,这是值得我国借鉴和学习的。

2. 公共信息栏

公共信息栏(见图5-31)是一种特殊的公共信息设施,在交通集散区这种目标多、结构复杂的区域中显得尤为重要。由于公共信息栏中信息较多,字体相对较小,需近距离观看,且不能过高,所以在人流密集区公共信息栏容易被忽视。设计师可以将公共信息栏加高,设置通用标识,这样可以使人们在较远的距离就能注意到公共信息栏的存在,吸引行人的注意力,并起到很好的信息引导作用。

图 5-31　公用信息栏

3. 公用电话亭

公用电话亭(见图5-32)通常设在公共区域,以方便有需求的用户使用。随着移动电话的问世,公用电话行业快速没落,但是公用电话并没有完全消失。公用电话亭可以通过建立配套设施,如手机充电站等增加收益。

图 5-32　公用电话亭

4. 街钟

街钟(见图5-33)不但能美化环境,还具有一定的实用功能,方便人们辨别时间。

三、公共交通设施

1. 地铁出入口

地铁出入口（见图 5-34、图 5-35）是联系地上、地下城市空间的载体，它的布局、建筑形式与城市功能、规划、景观息息相关，要做到协调、美观、易于识别。

图 5-33　街钟

图 5-34　某地铁出入口

图 5-35　造型各异的地铁出入口

2. 公交候车亭

公交候车亭（见图 5-36）属于城市公共交通基础设施范畴，具有设置数量多、覆盖范围广、使用频率高的特点。公交候车亭是沿公交运行线路分布，并与公交站牌相配套，为方便公交乘客候车时遮阳、避雨等，在车站、道路两旁或绿化带的港湾式公交停靠站上建设的公共设施。智能公交候车亭包括智能电子站牌，能实现智能触摸屏功能、移动智能监控功能、即时信息发布功能、公益广告宣传功能、24 小时无人自动售货功能、文创中心展示功能等，不仅能为候车人提供遮风避雨的休息场所，而且能准确地显示公交车的运行状况，还能通过数字电子屏动态地展现公交车的到站距离和到站进度，为候车乘客提供实时准确的车辆到站预报。随着城市公交的日益发达，公交候车亭已成为城市中不可或缺的重要组成部分，设计精美的公交候车亭也成了城市中一道美丽的风景。

图 5-36 公交候车亭

作为一种具有实际使用价值的公共设施,公交候车亭在设计上应该具有以下几个基本特征。

(1) 易识别性高:设置醒目,可以让人们方便找到候车地点。

(2) 明视度高:在公交候车亭内的人们可以清晰地观察车辆是否进站。

(3) 配备信息牌:包含为出行者提供更多帮助的内容,如时刻表、沿线停靠站点、票价表、城市地图等。

(4) 有亮化照明设施,方便夜间候车者。

(5) 配置休息座椅,为长时间候车的人提供休息的地方。

(6) 有遮阳篷、挡板或隔板,为候车者提供遮风避雨的基本功能。

3. 人行天桥

人行天桥又称人行立交桥,一般建造在车流量大、行人稠密的地段,如交叉口、广场及铁路上面。人行天桥只允许行人通过,用于避免车流和人流平面相交时的冲突,保障人们安全地穿越道路,减少交通事故。建设人行天桥是目前很多城市解决人车通行矛盾的方法。

人行天桥的设计原则如下。

(1) 以人为本,满足行人以最短的距离及最小的爬高跨越道路的心理需求,方便疏散、集中人流,确保老弱病残、自行车都容易过桥。

(2) 融入环境,要求桥型轻盈活泼。

(3) 结构合理,造价适中,便于施工。

(4) 应设置在交通繁忙及过街行人稠密的快速路、主干路、次干路的路段或平面交叉口处。

(5) 应设置在车流量很大,不能满足过街行人安全穿行的需要,或车辆严重危及过街行人安全的路段。

人行天桥的设计要点如下。

(1) 人行天桥的跨度一般为 20~30 m,桥墩一般设置在绿化带、隔离带及空地。

(2) 为减少占地矛盾,人行天桥梯道可只设计人行梯道或行人和非机动车共用梯道,梯道宜布置在人行道外侧,落地形式可以在直梯、折梯及旋转梯道中结合用地条件优化选择。

(3) 为解决好人行天桥与商业区的关系,可以考虑将人行天桥直接接入商场二楼,以减少建设阻力。

(4) 栏杆是人行天桥上必要的安全设施,也是构成人行天桥立面造型的重要美学要素,因此栏杆的设计也必须将安全与景观有机结合起来。

(5) 人行天桥的桥面铺装必须具有耐久性、抗滑性、美观性以及舒适性。

(6) 无障碍设施设计,如梯道设计中需要考虑方便残疾人上下的坡道,当设计坡道有困难时可改为电梯;盲道系统要保持连续性,盲道一直铺设到天桥入口处,在盲道与人行天桥上下口连接的地方可铺设花纹不同于盲道地砖的特殊地砖,用于提示盲人朋友;人行天桥的栏杆扶手应考虑到各类人群的需求,设置双层扶手,且在扶手起点水平段安装盲文标志牌;人行梯道与路面相接处的三角空间区应安装防护栅栏。

4. 自行车停放架

目前,自行车停放架(见图 5-37)种类多样,如具有雕塑造型感的空间停放架、高度低于膝盖的栏杆式停放架和呈放射线布置的水泥存放支座等,成为一道美丽的景观。

四、案例分析

1. 案例分析 1

美国奥克兰鲍威尔街位于美国旧金山市内最繁华的地区之一,在拥有平行停车位的四条街区之间。设计师将那些曾经的停车位改建为一条美观的人行道。设计师将现有的人行道拓宽了 1.8 m,采用创意、科技手段和城市设计原理,在繁忙的车流之间为市民创造了一个安全舒适的环境。

设计师把一条人们以前只是用来交通的街区改造成一条可以散步、休闲、运动的存在感极强的标志性景观。设计师通过翻新、装饰街区和周围人行走道,使得街区公众使用家具与长廊自然融合,同时为游客提供了方便。

图 5-37　自行车停放架

公共设施如长椅、桌子等都使用铝制作,美观耐用。在长廊上方还有眺望台,眺望台在夜晚灯火通明。该设计项目是现代都市中"将公园搬入人行道"项目中规模最大的范例,探索了在城市中将带状空间用作人行道设施的潜力。

美国奥克兰鲍威尔街人行道公共设施设计如图 5-38 所示。

图 5-38　美国奥克兰鲍威尔街人行道公共设施设计

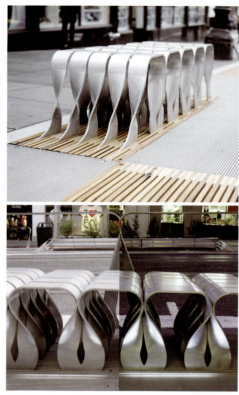
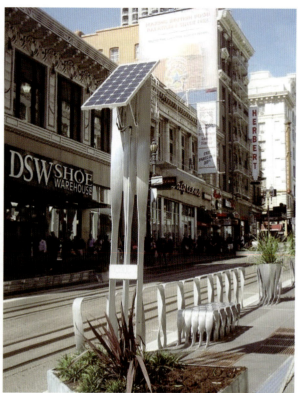

续图 5-38

2. 案例分析 2

澳大利亚的 Morgan Court 街道规划方案中包含了一些简单却大胆的设施，以促进展览、表演和艺术活动的不断更新，鼓励人们在 Morgan Court 街道漫步，度过美好的时光，同时也为一些娱乐活动提供方便，吸引更多人前来参观游玩。Morgan Court 街道景观与公共设施如图 5-39 所示。

图 5-39　Morgan Court 街道景观与公共设施

● 实训任务

公交候车亭设计

1. 设计公共候车亭，保证所设计公交候车亭与城市的景观和谐统一，符合人性化的设计理念。

2. 用 A3 图纸绘制草图及三视图，运用 3ds Max 制作效果图，可附加环境背景。

3. 编写设计说明，要求字数为 100～200 字。

参考文献 References

[1] 萨拉. 城市元素 [M]. 周荃,译. 大连：大连理工大学出版社,沈阳：辽宁科学技术出版社,2001.

[2] MAIN B,HANNAH G G. 室外家具及设施 [M]. 赵欣,白俊红,译. 北京：电子工业出版社,2012.

[3] 安秀. 公共设施与环境艺术设计 [M]. 北京：中国建筑工业出版社,2007.

[4] 胡天君,景璟. 公共艺术设施设计 [M]. 北京：中国建筑工业出版社,2012.

[5] 钟蕾,罗京艳. 城市公共环境设施设计 [M]. 北京：中国建筑工业出版社,2011.

[6] 冯信群. 公共环境设施设计 [M].3 版. 上海：东华大学出版社,2016.

[7] 徐鸿. 街道家具设计——以石家庄裕华路之街道家具设计为例 [D]. 北京：中央美术学院,2010.

[8] 鲁榕,刘晓雯. 环境设施设计 [M]. 合肥：安徽美术出版社,2007.

[9] 赵继瑛. 西安商业步行街公用设施的设计研究 [D]. 景德镇：景德镇陶瓷大学,2009.

[10] 朱妍林. 论环境艺术系统中的城市家具设计 [D]. 芜湖：安徽工程大学,2011.

[11] 冯玉婷. 居住场所公共环境设施的合理性设计 [J]. 赤峰学院学报（自然科学版）,2014,30(9)：70-72.

[12] 胡清坡,杨永涛,方伟迅,等. 现代园林规划中水景设计方法 [J]. 现代农业科技,2010,(20)：257、258、260.

[13] 瞿继文. 商业步行街空间人性化设计研究 [D]. 保定：河北农业大学,2011.

[14] 中华人民共和国住房和城乡建设部. 公园设计规范：GB 51192—2016[S]. 北京：中国建筑工业出版社,2012.

[15] 全国人类工效学标准化技术委员会. 城市公用交通设施无障碍设计指南：GB/T 33660—2017[S]. 北京：中国标准出版社,2017.

[16] 中华人民共和国住房和城乡建设部. 无障碍设计规范：GB 50763—2012[S]. 北京：中国建筑工业出版社,2012.

[17] 中华人民共和国住房和城乡建设部. 城市公共厕所设计标准：CJJ 14—2016[S]. 北京：中国建筑工业出版社,2016.